スキマ時間で始める！

Autodesk Fusion

14日間 サクサク 入門コース

塩澤 豊 著

Born Digital, Inc

ダウンロードデータと書籍情報について

本書のウェブページでは、ダウンロードデータ、追加・更新情報、発売日以降に判明した誤植（正誤）などを掲載しています。

また本書に関するお問い合わせの際は、事前に下記ページをご確認ください。

https://www.borndigital.co.jp/book/9784862465740/

※本書では、基本的にWindows 11環境およびブラウザはGoogle Chromeで操作説明を行います。Macでの操作は必要に応じて説明します。

※ご使用の環境（OS）やアプリケーションのバージョンにより、一部画面キャプチャやUI名称、機能等が異なる場合がありますので、あらかじめご了承ください。

※本書の刊行から一定期間内は、Fusionに関する情報（掲載しているWebサイトのURLや機能名称の変更など）で更新されたものをリストにして、書籍ページにて配布しています。

はじめに

本書を手に取っていただき、ありがとうございます。筆者がAutodesk Fusionに出会って（2013年に英語版がリリースされてから）、早いもので約10年が経ちました。2015年には日本語化され、すごい勢いで利用者が増えたことを今でも記憶しています。年を重ねるごとに機能強化と改善が繰り返され、複雑な機械設計や製造に必要な機能が実装され、製造業におけるツール導入もかなり進んでいると聞いています。学生や個人の趣味用途での利用も盛んで、皆さん3Dプリンタなどでのもの作りを楽しんでいらっしゃるようです。

2022年10月に、「初心者向けの書籍を執筆してみないか」とお話をいただきました。それも「2週間で習得できる本」というリクエストで、正直2週間では難しいと思いましたし、すでに学ぶための書籍やYouTube動画も多く、「今さらニーズがあるのか？」とも思いました。少し考える時間をいただき、どんな本が求められているかを考えてみたところ、3Dモデリングに特化した内容であれば、利用者の助けになるかもしれないと考え直しました。

というのも、筆者は設計経験のない方にAutodesk Fusionを教える機会が度々あるのですが、受講者の中には、すでに何らかの書籍で学んでいるのに、「本に書かれていなかったことが学べて大変役に立った。理解が深まった」と言ってくれる方が多かったのです（筆者が教えていたのは、3Dモデリングと図面作成だけだったのですが...）。こうして、初心者の方がAutodesk Fusionで3Dモデリングを習得するため、またはすでに書籍などで学んだ方がさらに理解を深めるための内容で、執筆させていただくことにしました。

Autodesk Fusionの機能は多岐に渡りますが、初心者が学ぶ上で、まずは基本的な3Dモデリング機能を習得することが必須です。3Dモデリングは、Autodesk Fusionの中で最も基本的な機能であり、この機能を理解できれば、より高度な機能の習得にも繋がります。

本書では、Autodesk Fusionの基本操作から始まり、設計について考え、様々なモデリングの課題に挑戦していただきます。14日間の14章構成で、1章あたり約1時間で取り組めるようにしたつもりです。前半のDay7までは、Autodesk Fusionでの3Dモデリングの基本操作を習得するための内容で、スケッチの作成方法や、フィーチャの使い方などを学びます。後半のDay8からは、基礎を身につけた上で、実践的な課題に挑戦できます。スマホケースや立体パズル、踏み台など、初心者でも取り組みやすい課題を用意しました。

本書を通じて、Autodesk Fusionのモデリング機能を習得し、自分だけのオリジナルモデルを作成できるようになることを目指しましょう。

※ 校了直前の2024年1月末に、ソフトウェアの名前が「Fusion 360」から「Autodesk Fusion」に変更されました。ソフトウェアのキャプチャ画像やWebサイトなど、可能な限り最新のものに変更しましたが、刊行後の更新情報などは、本書のウェブページをご確認ください。

目次

Day 1 アカウントとインストール　　8

1-1　Autodesk IDを作成しよう　　8
1-2　ソフトウェアをインストールしよう　　10
1-3　ユーザインタフェースを確認しよう　　15
1-4　基本の設定をしよう　　18
1-5　ヘルプ、サンプルを確認しよう　　19

Day 2 起動～モデリング～保存の流れ　　22

2-1　新規デザインを作成しよう　　22
2-2　スケッチを作成しよう　　23
2-3　ボディを作成（押し出し）しよう　　25
2-4　ボディを編集しよう　　26
2-5　ボディを修正（シェル／フィレット）しよう　　27
2-6　デザインを保存しよう　　32
まとめと課外授業　　33

Day 3 スケッチ　　34

3-1　スケッチを完全拘束しよう　　34
3-2　スケッチのコマンドを確認しよう　　38
3-3　スケッチを練習しよう　　40
3-4　ベクターデータを取り込もう　　55
まとめと課外授業　　57

Day 4 フィーチャ #1   58

4-1　デザイン履歴を確認しよう ……………… 58
4-2　フィーチャを理解しよう ………………… 60
4-3　フィーチャを作成しよう ………………… 62
まとめと課外授業 ………………………………… 69

Day 5 フィーチャ #2   72

5-1　フィーチャを作成しよう ………………… 72
5-2　パラメータを理解しよう ………………… 83
まとめと課外授業 ………………………………… 86

Day 6 ボディ&コンポーネント   88

6-1　ボディを理解して作成しよう …………… 88
6-2　コンポーネント化しよう ………………… 99
まとめと課外授業 ………………………………… 105

Day 7 図面   106

7-1　新規で図面を作成しよう ………………… 106
7-2　図面を仕上げよう ………………………… 112
7-3　図面を印刷しよう ………………………… 116
まとめと課外授業 ………………………………… 117

Day 8 自分で学習する 118

8-1 様々な学習方法を知ろう ……………………… 118
8-2 他者が作成したモデルから学ぼう ……………… 123
8-3 エラーを解決しよう ………………………… 129
まとめと課外授業 ………………………………… 133

Day 9 デザインプロセス 134

9-1 アイデアを出そう ………………………… 134
9-2 3Dモデリングをしよう ……………………… 136
9-3 DIY（3Dプリント）しよう …………………… 140
まとめと課外授業 ………………………………… 143

Day 10 デザインプロジェクト #1 144

10-1 スマホをモデリングしよう ………………… 145
10-2 ケースを設計しよう ………………………… 149
10-3 ケースの加工／組み立てをしよう …………… 153
まとめと課外授業 ………………………………… 159

Day 11 デザインプロジェクト #2 160

11-1 デザインプロジェクト #2-1 頭のオブジェ ………… 160
11-2 デザインプロジェクト #2-2 踏み台 ……………… 170
まとめと課外授業 ………………………………… 177

Day 12　室内レイアウト　　178

12-1　部屋をモデリングしよう ———————————— 178
12-2　家具をモデリングしよう ———————————— 181
12-3　レイアウトしよう —————————————————— 184
　まとめと課外授業 ————————————————————— 187

Day 13　実際のプロジェクト紹介　　188

13-1　軽バン・軽ワゴン用の車中泊DIYキット
　　　「VAN DE Boom」 ————————————————— 188
13-2　帆船型ドローン「Type A」 ———————————— 194

Day 14　データ確認と他ソフト連携　　198

14-1　Webブラウザ＆モバイルアプリ ——————— 198
14-2　他ソフトとのデータ交換 ———————————— 202
14-3　加工請負サービス ————————————————— 204
　まとめと課外授業 ————————————————————— 205

Day 1 アカウントとインストール

初日は、Autodesk Fusion（以下、Fusion）を学ぶための準備をしていきましょう。下記が本日の作業の流れです。

- ▷ 1-1 Autodesk ID の作成
- ▷ 1-2 ソフトウェアのインストール
- ▷ 1-3 ユーザインタフェースの確認
- ▷ 1-4 基本設定
- ▷ 1-5 ヘルプ、サンプルの確認

※本書の説明は、2024年2月時点のものになります。AutodeskによってAutodesk IDの作成やインストール方法などが変更される場合は、弊社書籍ページ（https://www.borndigital.co.jp/book/9784862465740/）に変更に対応した情報を掲載する予定です。

1-1 Autodesk IDを作成しよう

Fusionを使うには、コンピュータにプログラムをインストールする必要があります（一部の機能はWebブラウザでも動きますが、現段階では機能が限定されているためおすすめできません）。プログラムをインストールするには、Autodesk IDが必要です。これは、名前、メールアドレス、自分で決めたパスワードで作成できます。
さあ、インターネットに繋いで準備を開始しましょう！

1 AutodeskのWebサイト（https://www.autodesk.co.jp）にアクセスし、右上の［サイン イン］をクリックします。

2 ページが表示されたら、［アカウントを作成］をクリックします。

3 名前、メールアドレス、パスワードを入力し、使用規約などの同意にチェックを入れて[アカウントを作成]をクリックします。

4 「アカウントが作成されました」というページが表示されるので、[完了]をクリックします。

5 登録したメールアドレスに認証メールが届きます。メール内のリンクをクリックするとWebブラウザが開くので、[完了]をクリックします。これでAutodesk IDを作成できました。

1-2 ソフトウェアをインストールしよう

Autodesk IDを作成できたので、ソフトウェアをインストールしていきます。インストールするコンピュータは、いくつかの条件を満たしている必要があります。

Column コンピュータの確認

コンピュータは、OSがWindows 10 Version 1809以降か、Windows 11、macOS 12 Monterey以降である必要があります。CPUやメモリ、グラフィックボードなどにも推奨されているものがあるので、下記を確認してみてください。

Autodesk Fusion の動作環境

https://www.autodesk.co.jp/support/technical/article/caas/sfdcarticles/sfdcarticles/JPN/System-requirements-for-Autodesk-Fusion-360.html

コンピュータに詳しくない方は判断が難しいかもしれません。OSの条件を満たしていれば、ひとまずインストールしてみるのもいいでしょう（満たしていなければインストールできないはずです）。
また、ノートPCで作業する方が多いと思いますが、Fusionなど3DCADの操作は、タッチパッドよりもマウスの方が効率的です。ホイールつきのマウスを用意することをおすすめします。

Fusionは、CAD、CAM、CAE、PCBが統合されたプロ向けのソフトウェアです。商用は、年間約10万円のサブスクリプションで利用することができ、拡張機能（エクステンション）を購入することで、より高度な機能を利用することも可能です。

個人や学生による非商用であれば、無償で制限つきの基本機能を利用できます（起業間もないスタートアップ企業限定に無償のライセンスも提供されています）。本書では、個人用の機能の範囲で作業を行っていきます。

1 個人用Fusionの製品ページ（https://www.autodesk.co.jp/products/fusion-360/personal）から[個人用Autodesk Fusionにアクセス]をクリックします。

2 Autodesk IDのメールア
ドレスとパスワードを入
力して、[サイン イン]を
クリックします(今後サイ
ン インを求められること
があれば、この手順で進
んでください)。

3 申し込みフォームが表示されるので(英語のページが表示される場合は、右上の[US]をクリック
して日本を選択します)すべての情報を入力し、同意項目にチェックを入れて[今すぐダウンロー
ド]をクリックします。

4 ページが切り替わるので、再度
[今すぐダウンロード]をクリック
すると、ダウンロードフォルダに
「Fusion Client Downloader.exe」
がダウンロードされます(Mac
の 場 合 は「Fusion Client Down
loader.dmg」)。

5 ファイルをダブルク
リックするとセット
アップが開始され
ます。完了すると
Fusionが起動するの
で、再度[サイン イ
ン]をクリックしま
す。

6 [製品に移動]をク
リックし、続いて
[Autodesk Identity
Manager を開く]を
クリックします。

7 チームの設定について案内されます。
これは、Fusionで作成したドキュ
メントが格納されるクラウド上のス
ペースのことで、ほかの利用者もア
クセスできるようにするための機能
です。
[次へ]をクリックし、[チームを作成]
をクリックします。

8 チームの名前を入力し、[次へ]をクリックします。

9 [発見を許可しない]を選択して[作成]をクリックし、続いて[移動先チーム]をクリックします。

10 下図のようにチェックを入れて[OK]をクリックします。

11 さらに、個人用のドキュメントが10個まで編集可能であるという説明が表示されます（「編集可能」と「読み取り専用」で切り替えられるので、設計が終わったときは読み取り専用にしましょう）。

12 ウィンドウ右上の[×]をクリックし、Fusionを終了します（Macの場合は左上）。

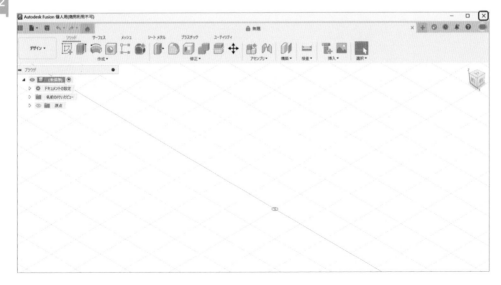

1-3

ユーザインタフェースを確認しよう

Fusionのウィンドウは、複数のエリアに分かれています。ここでは各エリアについて簡単に説明します。詳細は下記を確認してみてください。

☑ インタフェースの概要

https://help.autodesk.com/view/fusion360/JPN/?guid=GUID-E647CA56-7187-406A-ACE4-EAC59914FAE4

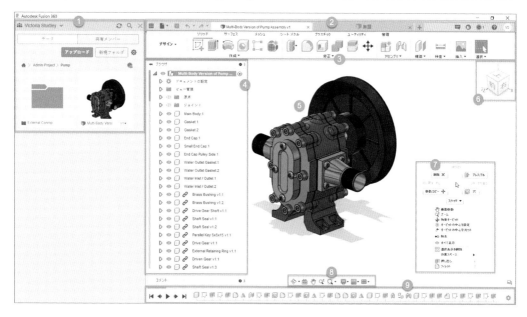

❶ データ パネル：クラウドに格納されているドキュメントが表示されます。

❷ アプリケーションバー：ファイルメニュー、保存、元に戻す／やり直し、通知センター、ヘルプ、アカウント設定などを操作できます。

❸ツールバー：デザイン、製造、図面などの作業スペースの切り替えと、作業スペースごとに異なるツールタブ（デザイン作業スペースではソリッド、サーフェス、メッシュなど）を切り替えられます。また、コマンド選択によりスケッチやフォームなど状況に応じて自動的にツールが切り替わります。

❹ブラウザ：開いているドキュメントの構成要素（ボディ、スケッチ、原点など）が一覧表示され、表示／非表示を切り替えられます。

❺キャンバス：3Dモデルや図面など、作業スペースに応じて表示が切り替わります。

❻ViewCube：3Dモデルを回転（オービット）させたり、正面から見ることができます。

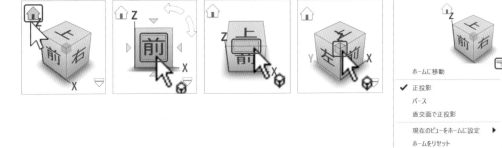

❼マーキング メニュー：右クリックすると、実行可能なコマンドが表示されます。

❽ナビゲーション バー：ズーム、画面移動、回転、3Dモデル、グリッド、ビューポートの表示設定を変更できます。

❾タイムライン：パラメトリック モデリングのドキュメントを開いている場合のみ、デザインの作成手順が時系列で表示されます。ほとんどの手順は右クリックで編集でき、ドラッグで順序を入れ替えることもできます。

☑ ホームタブ

2023年から新たに追加されたもので、最近使ったドキュメントが表示されたり、検索バーでドキュメントを見つけやすくなりました（2024年2月時点では、一部のユーザーにのみ表示されているようです。今後改善され、すべてのユーザーに公開されるはずです）。

[ホーム]タブ

https://help.autodesk.com/view/fusion360/JPN/?guid=GS-HOME-TAB

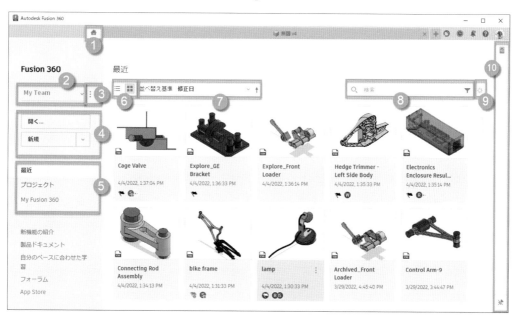

❶ホーム画面に切り替わります。

❷複数のプロジェクトチームに属している場合、チームを切り替えられます。

❸他チームに参加したり、チームやメンバーの設定ができます。

❹ドキュメントを開いたり、新たに作成できます。

❺最近開いたプロジェクトやドキュメントが表示されます。

❻リスト表示／グリッド表示を切り替えられます。

❼グリッド表示を名前順、日付順に並べ替えられます。

❽文字列を入力して検索できます。

❾リストの表示列をカスタマイズできます。

❿選択したドキュメントのプロパティが表示されます。

1-4 基本の設定をしよう

ユーザインタフェースの見方がわかったところで、Fusionを起動して、基本の設定をしていきましょう。

1 ソフトウェアをインストール後、デスクトップにショートカットが追加されるので、ダブルクリックで起動します（Macの場合はLaunchpadから）。

2 画面右上の?アイコンの［クイック セットアップ］をクリックします。クイック セットアップパネルの単位が「mm」であることを確認し、マウス操作の設定を好みに合わせて変更します（筆者はTinkercadの設定にしています）。マウス操作の画像が表示されるのでわかりやすいですね。

3 次に、右上のアカウントアイコンの［基本設定］をクリックします。左側の［一般］をクリックして、設定を確認します。ここでも「画面移動、ズーム、オービットのショートカット」の設定を変更できます。
もしFusionが英語表示であれば、「ユーザ言語」で日本語に切り替えましょう。

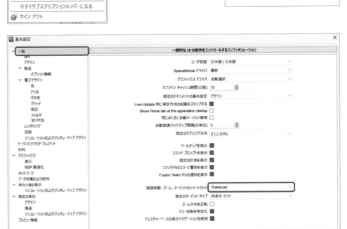

4 続いて［デザイン］をクリックして、「デザイン履歴」が「デザイン履歴をキャプチャ（パラメトリック モデル）」になっていることを確認してください（本書ではパラメトリック モデリングしか扱いません）。

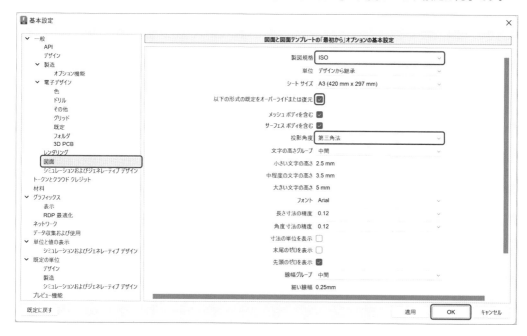

5 最後に［図面］をクリックして「製図規格」を「ISO」に変更し、「以下の形式の既定をオーバーライドまたは復元」にチェックを入れます。「投影角度」も「第三角法」に変更したら、設定は完了です。

1-5 ヘルプ、サンプルを確認しよう

☑ ヘルプバー

ヘルプバーに「スケッチ」と入力してエンターキーを押すと、ヘルプページが開きます。わからない用語が出てきたら、ヘルプバーで検索してみましょう。

※学習パネルを表示、学習とドキュメントという項目がありますが、残念ながら文字化けしていたり、英語サイトが表示されるので、本書では取り上げません。日本語で表示されるのを待ちましょう。

☑ サンプルモデル

Fusionには、いくつかのサンプルモデルが用意されています。左側のデータ パネルから、[Design Samples] > [Utility Knife]をダブルクリックしてみてください。黄色いカッターナイフが表示されると思います。部品ごとに色が黒や青、シルバーになっていたり、Autodeskのロゴが貼られていたりしますね。Day8では、このサンプルモデルがどのような手順で設計されたかを確認します。

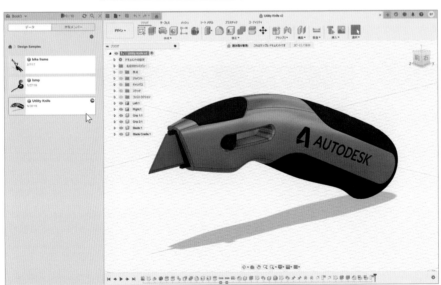

本日の作業はこれで終了です。右上の[×]をクリックして、Fusionを終了してください。お疲れ様でした！

| Column | **用語** |

CAD ● Computer Aided Design の略で、コンピュータを用いて設計するソフトウェアのことです。

CAM ● Computer Aided Manufacturing の略で、CAD のデータをもとに製品の加工に必要なプログラムなどを作成するソフトウェアのことです。

CAE ● Computer Aided Engineering の略で、技術計算やシミュレーション、解析を行うソフトウェアのことです。

PCB ● Printed Circuit Board の略で、プリント基板のことです。

Tinkercad (https://www.tinkercad.com) ● Autodesk が提供する、Web ブラウザで実行できる無償の3D モデリングアプリです (iPad 用もあります)。Fusion とは少し異なり、箱や円柱、球体など基本的な形を組み合わせて3D モデリングを行います。米国では小中学校の授業で取り入れられているようです。

ISO ● International Organization for Standardization の略で、国際標準化機構のことです。製品の品質や安全性、サイズなど様々なものの世界基準を規格化しています。日本には JIS (Japanese Industrial Standards：日本産業規格) がありますが、基本的には ISO に準じています。

第三角法 ● 製図で用いられる正投影図法で、正面図の上に上から見た平面図 (上面図) を、右に右から見た右側面図を描きます。第一角法という図法もあり、これは平面図を下に、右側面図を左に描きます。日本では JIS の機械製図規格により、第三角法が採用されています。

※ソフトウェアアップデート、UI のリセット方法については、ダウンロードデータ内に補足説明があります。書籍ページ (https://www.borndigital.co.jp/book/9784862465740/) からダウンロードしてください。

起動〜モデリング〜保存の流れ

2日目は、Fusionを起動してモデリング（3D設計）を行い、保存するまでの流れを理解していきましょう。下記が本日の作業の流れです。モデリングはこのような手順で行います。

- ▶ 2-1 新規デザインの作成
- ▶ 2-2 スケッチの作成
- ▶ 2-3 ボディの作成
- ▶ 2-4 ボディの編集
- ▶ 2-5 ボディの修正
- ▶ 2-6 デザインの保存

見慣れない用語があるかもしれませんが、順を追って解説します。まずはFusionを起動しましょう。

Day1 で解説済み

Fusionをインストール後、デスクトップにショートカットが追加されるので、ダブルクリックで起動します（Macの場合はLaunchpadから）。この方法で起動できない場合は、下記を試してみてください（隠しファイルなので、エクスプローラーを開き、[表示]>[表示]>[隠しファイル]をチェックしてください）。

Windows：「C:¥Users／ユーザ名/AppData/Local/Autodesk/webdeploy/production/*****（インストールしているバージョンにより異なる文字列）/Fusion360.exe」をダブルクリック（デスクトップにショートカットを追加しておくと次回から簡単に起動できます）

Mac：「Machintosh HD/ユーザ/ユーザ名/ライブラリ/Application Support/Autodesk/webdeploy/production/***** /Autodesk Fusion 360.app」をダブルクリック（Dockに追加しておくと次回から簡単に起動できます）

2-1 新規デザインを作成しよう

1 Fusionを起動すると、新規デザインが「無題」という名前で開始され、すぐにスケッチを作成できる状態になっています。左側にデータ パネルが表示されている場合は、データ パネルアイコンをクリックし、非表示にしてキャンバスを広く表示させましょう。

スケッチを開始する前に、パラメトリック モデルの状態になっていることを確認しましょう。タイムライン（画面下部左のピンク枠部分）が表示されている状態であれば、パラメトリック モデルになっています。これにより、今後の手順がタイムラインに記録されます。

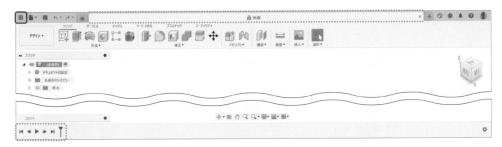

2 最下部のタイムラインが表示されていない場合は、ブラウザの［(未保存)］を右クリックし、［デザイン履歴をキャプチャ］をクリックすることでタイムラインが現れ、パラメトリック モデルになります。

Column **パラメトリック モデル**

パラメトリック モデルとは、図形の寸法や依存関係、手順を記録することで、後に発生する（かもしれない）変更に対応できる設計方法です。

2-2 スケッチを作成しよう

3Dモデルを作成するために、まずはスケッチを作成しましょう。スケッチでは3次元空間内の任意の平面に、線分、円弧、スプラインなどを使って、作成したい3Dモデルの輪郭形状を描きます。

1 まずは長方形を描いてみましょう。ツールバーの［スケッチを作成］をクリックし、続いてキャンバスに表示されたオレンジ色の平面をクリックします。

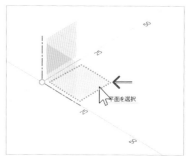

2 キャンバスが回転してグリッド（マス目）が表示され、ツールバーがスケッチに切り替わります。また、右側にスケッチ パレットが現れます（スケッチ パレットはDay3で詳しく説明するので、今は気にしなくて大丈夫です）。

❶ツールバーの［2点指定の長方形］をクリックし、キャンバス上で長方形ができるよう、❷❸対角の2点をクリックします。

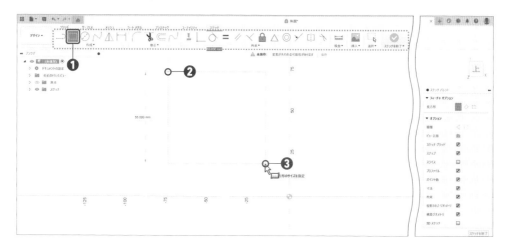

3 長方形が描けたので、[スケッチを終了]をクリックします（ツールバーとスケッチ パレットのどちらでもかまいません）。

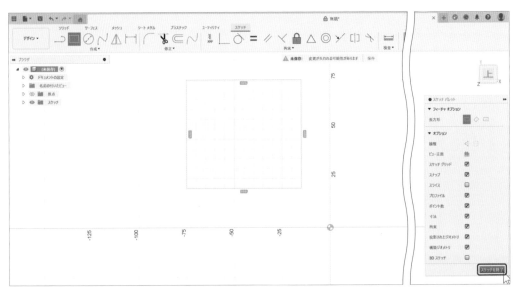

4 タイムラインにスケッチアイコンが記録されます。また、スケッチを作成するとブラウザに「スケッチ1」が追加され、スケッチ横の三角をクリックすることで確認できます。これは、横にある目のアイコンをクリックして、表示／非表示を切り替えられます。

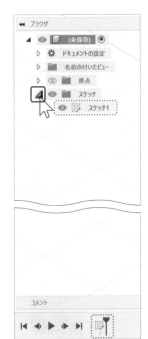

[Column] **ブラウザとタイムライン**

ブラウザとタイムラインについては、Day1「1-3　ユーザインタフェースを確認しよう」で説明しましたが、大切な部分なので再度確認しましょう。

ブラウザ● 開いているドキュメントのオブジェクト（構成要素）が、種類ごとに一覧表示されます。オブジェクトとは、ボディ、スケッチ、原点などです。新規デザインを開始すると、ブラウザには「ドキュメントの設定」「名前の付いたビュー」「原点」が最初から含まれています。

タイムライン● 作成手順が時系列で記録されます。履歴マーカーをドラッグすることで、手順を戻る／進めることができます。

---

5 スケッチには形状を示す線分などのほかに、線分の位置やサイズを決める拘束条件があります。ここでは、寸法を指定して長方形のサイズを変えてみましょう。
❶タイムラインのスケッチアイコンを右クリックし、❷[スケッチを編集]をクリックすると、スケッチモード（キャンバスが回転してスケッチを正面から見た状態）になります。

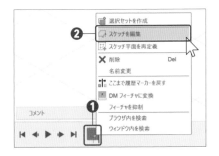

6 ❶ツールバーの[スケッチ寸法]をクリックし、❷長方形の長辺をクリック、❸寸法を配置する位置をクリックします。現在の長さが表示されるので、そのままエンターキーを押します。長方形の短辺も同様に❹❺寸法を指定したら、❻[スケッチを終了]をクリックします。
これでスケッチ1の寸法を指定できました。

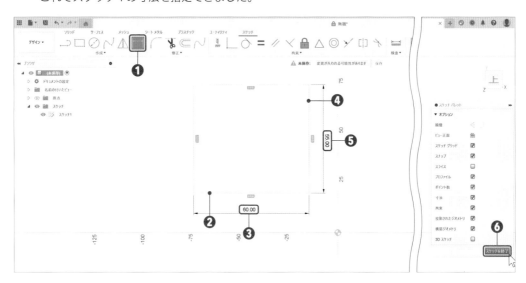

2-3 ボディを作成（押し出し）しよう

3D形状のことを「ボディ」と言います。スケッチで描いた輪郭形状に厚みを加えたり（押し出し）、軸を中心に回転させることでボディを作成します。

1 ツールバーの[押し出し]をクリックすると、先ほど描いた長方形が自動的に選択され（青くハイライト）、矢印が現れます。❶この矢印をドラッグすると長方形に厚みが加わり直方体になるので、適当な位置でドラッグをやめ、❷押し出し パレットの[OK]をクリックします。

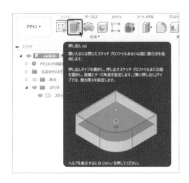
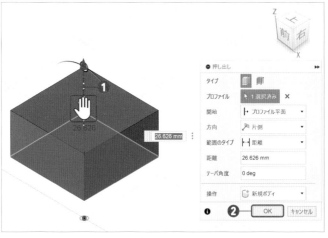

2 ボディアイコンがタイムラインに記録され、ブラウザにも「ボディ1」が現れます。
また、ブラウザのスケッチ1の目のアイコンに斜線が入り、非表示になっていることがわかります。このように、一度使ったスケッチは自動的に非表示になりますが、目のアイコンをクリックすることで、再度表示させることもできます。

2-4 ボディを編集しよう

次は、直方体を立方体に変形してみましょう。

☑ スケッチを編集

タイムラインのスケッチアイコンから[スケッチを編集]をクリックします（「2-2　スケッチを作成しよう」手順5参照）。❶縦の寸法値をダブルクリックし、「50」と入力してエンターキーを押します。❷横の寸法値も同様に変更すると、長方形から正方形に変わります。最後は❸[スケッチを終了]をクリックしましょう。
このように、Fusionでは寸法値を変更することで、スケッチの形状を自由に変えることができます。また、スケッチの変更が、押し出しに継承されていることも確認できました（デザイン履歴をキャプチャしない「ダイレクトモデリング」では押し出しに継承されません）。

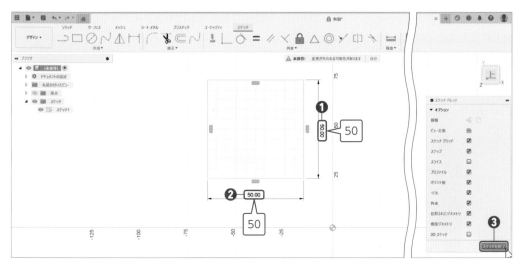

☑ フィーチャ編集

1 ❶タイムラインのボディアイコンを右クリックし、❷[フィーチャ編集]をクリックします。

2 押し出しを作成したときの状態に戻るので、スケッチの編集と同じように寸法値を「50」に変更すると、直方体が立方体になります。

このように、パラメトリック モデルではスケッチとフィーチャの関係性が維持され、タイムラインからいつでも変更できます。設計には変更がつきものなので、この機能を使えば効率が圧倒的に向上します。

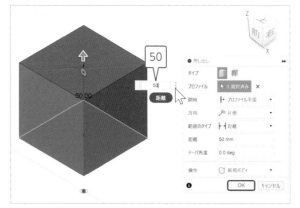

┌─────────────────────────┐
│ Column **フィーチャ**
│
│ 英語ではfeatureと書き、特徴や造作
│ などを表します。Fusionには、押し
│ 出し、回転、穴、フィレット、シェ
│ ルなど様々な特徴のフィーチャがあ
│ ります。
└─────────────────────────┘

2-5 ボディを修正（シェル／フィレット）しよう

☑ シェル

続いて、立方体に新たなフィーチャを追加し、立方体の中をくり抜いて箱にしようと思います。様々な方法がありますが、今回は「シェル」というフィーチャを使ってみましょう。

1 ツールバーの［シェル］をクリックします。

2 除去する面として、❶立方体の天面をクリックします。❷寸法に「3」と入力してエンターキーを押すと、厚さ3mmの箱ができました。

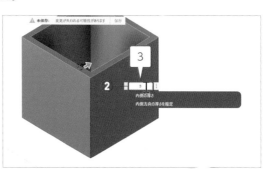

☑ ビューキューブ

キャンバス内の3Dモデルを様々な方向から見てみましょう。いくつか方法がありますが、今回はキャンバス右上の「ビューキューブ」を使ってみます。

1 それぞれの面にカーソルを合わせると青くハイライトされるので、「前」がハイライトされたらクリックします。

2 キャンバスが回転し、3Dモデルとビューキューブの「前」が正面に向きます。次に、ビューキューブの上の三角も、ハイライトさせてクリックしてみましょう。

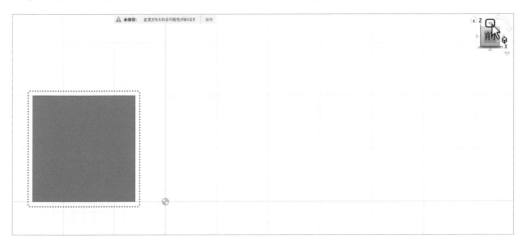

3 キャンバスが回転し、3Dモデルとビューキューブの「上」が正面に向きます。このように、ビューキューブを使って、3Dモデルを見る方向（ビュー）を簡単に切り替えられます。続いて、家（ホーム）のアイコンもハイライトさせてクリックしてみましょう。

4 そうすると、元の斜め上からのビュー（等角図）に戻ります。このビューを「ホームポジション」と言います。フィーチャを追加する場合、様々な面や辺を選択する必要があります。ビューを切り替えながら選択し、最後はホームポジションに戻すようにしましょう。

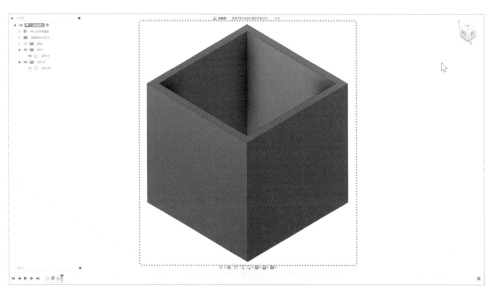

5 基本的には、近くても遠くても同じ長さで表示される「正投影」で作業しますが、人間の目でものを見る場合、視差により近くのものが大きく、遠くのものが小さく見えます。❶ビューキューブの三角をクリックし、❷[パース]をクリックすることで、このような遠近法を用いた表示もできます。

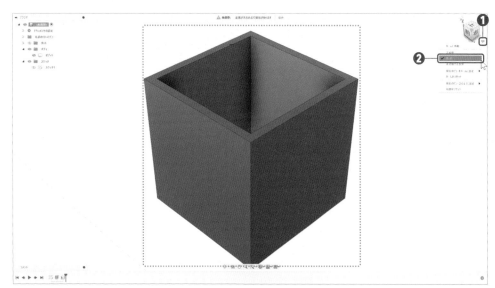

6 ❶ビューキューブの三角をクリックし、❷[現在のビューをホームに設定]をクリックすれば、ホームポジションを変えることもできます。

☑ フィレット

ビューの切り替え方法がわかったところで、今度は尖った角を丸めてみましょう。

1 ツールバーの［フィレット］をクリックします（表示を正投影に戻
しています）。

2 ホームポジション
で、❶～❺丸める5
個のエッジ（辺）をク
リックします。❻
ビューキューブの上
の奥の角をクリック
してビューを切り替
え、❼～❾さらに3
個のエッジをクリッ
クします。フィレッ
トパネルで8個の
エッジが選択されて
いることを確認しま
しょう。

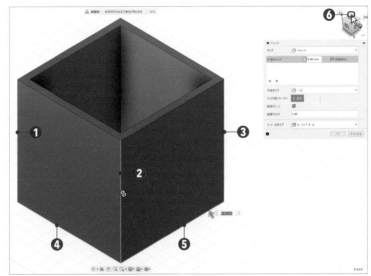

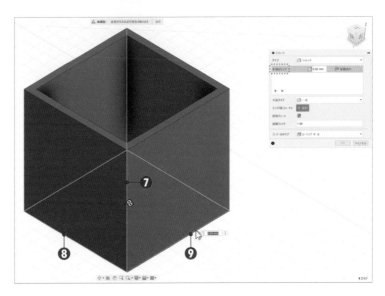

3 丸める半径の値に「5」と入力して [OK] をクリックすると、外側の角が丸まります。ビューはホームポジションに戻しておきましょう。

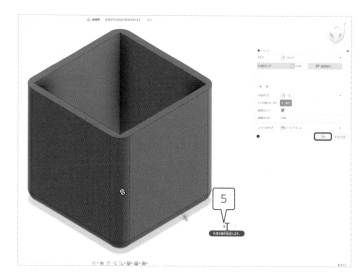

4 内側はまだ角が尖っています。厚さ3mmのシェルの外側に、半径5mmのフィレットを追加したので、内側に半径2mmのフィレットを追加すれば、内側も均一の厚さで丸まります。新たにフィレットを追加してもいいですが、別の方法も試してみましょう。
タイムラインでは、押し出しの後にシェルとフィレットが記録されていると思います。フィレットをシェルの前にドラッグして、順序を入れ替えてみましょう。

5 3Dモデルが更新され、内側も丸まりました。フィーチャの順序を変更することで、3Dモデルの形状も変わることが確認できました。

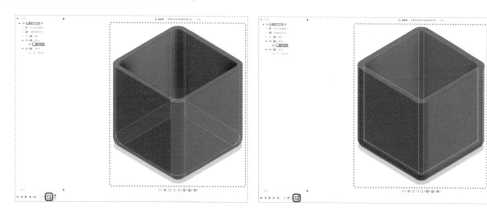

Column   **ナビゲーション バー**

ビューキューブのほかに、画面下部中央の「ナビゲーション バー」で3Dモデルの見え方を変えられます。「オービット」「画面移動」「ズーム」「ウィンドウ ズーム」などがあり、それぞれカーソルの形状が変わります。

- オービット：3Dモデルを回転する
- 画面移動：3Dモデルを平行移動する
- ズーム：拡大／縮小する
- ウィンドウ ズーム：範囲を選択して拡大する

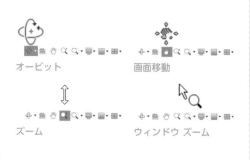

2-6　デザインを保存しよう

2日目はここまでです。最後に本日の作業を保存しておきましょう。

1 アプリケーション バーのファイルメニューから [保存]をクリックします。

2 名前に「Day2」と入力します。プロジェクトで ❶[Default Project]をクリックし、❷[保存] をクリックします。

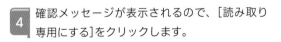

Column　プロジェクト

プロジェクトとは、ドキュメントを保存する場所のことで、自由に作成できます。多くの場合、制作するものごとにプロジェクトを作成し、ドキュメントを格納します。プロジェクト内にはフォルダを追加でき、フォルダごとにドキュメントを管理することも可能です。

---

3 データ パネルのDefault Projectを開くと、 「Day2」というファイルが表示され「編集可能」と なっていることが確認できます。❶編集可能の 右の三角をクリックし、❷[読み取り専用]をク リックします。

4 確認メッセージが表示されるので、[読み取り 専用にする]をクリックします。

5 これで読み取り専用になりました。逆の手順で、編集可能に戻すこともできます。前述の通り、個人用ライセンスでは編集可能なドキュメントは10個までとなっているので、このように読み取り専用に切り替えることで新たにドキュメントを編集できるようになります。最後に、右上の[×]をクリックして、Fusionを終了しましょう。

いかがでしたか？　Fusionというソフトウェアが、なんとなくわかってきたでしょうか。Day3では、スケッチについてさらに掘り下げていきます。本日もお疲れ様でした！

Day 2 まとめと課外授業

Day2のポイントは、スケッチと押し出しは変更（編集）できるということと、スケッチと押し出しの間には依存関係があり、スケッチを変更することでフィーチャが追従し3Dモデルも変更されるということです。Fusionをまだ触り足りない方は、データパネルからDay2ドキュメントを開き、3Dモデルの形やサイズを変えてみましょう。

❶スケッチを編集：正方形に円弧を追加

❷フィーチャ編集：追加した円弧を、押し出し1のプロファイルに追加

❸ボディを修正（円筒形状を追加）：スケッチと押し出しを追加

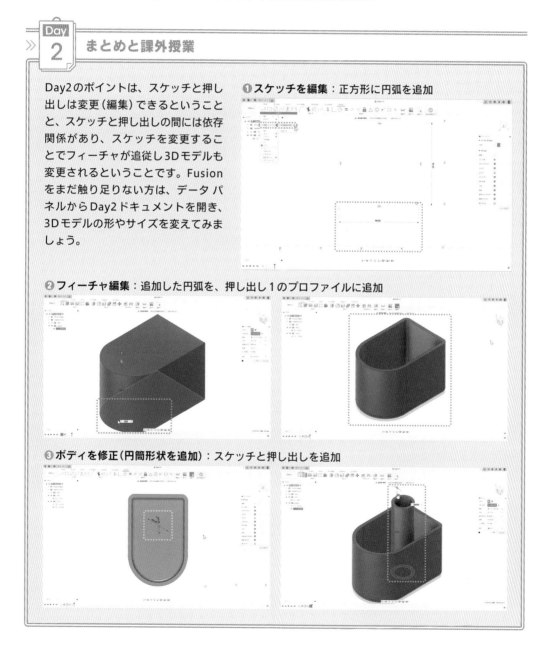

33

3

スケッチ

3日目は、モデリングの要と言っても過言ではない、スケッチを学びます。スケッチでは、任意の平面（作業平面）に線や円弧などで形状を描き、寸法や拘束（幾何拘束）でサイズを指定します。Day2では、長方形のスケッチを押し出して3Dモデルを作成しましたね。複雑な形のスケッチを描けるようになれば、複雑な3Dモデルを作成できるようになるので頑張りましょう！　下記が本日の作業の流れです。

▷ 3-1 スケッチの完全拘束 　　▷ 3-3 スケッチの練習
▷ 3-2 スケッチのコマンド確認 ▷ 3-4 ベクターデータの取り込み

スケッチの理解には時間がかかるかもしれません。自分のペースで進めて、難しい場合は次に進んでしまっても大丈夫です。日を追うごとに理解も深まるので、後日再トライしてみましょう。

3-1 スケッチを完全拘束しよう

1 Day2で作成した3Dモデルを編集していきます。❶データ パネルから Default Project の Day2 ドキュメントをダブルクリックで開き、❷タイムラインのスケッチアイコンを右クリックして、[スケッチを編集]をクリックします。

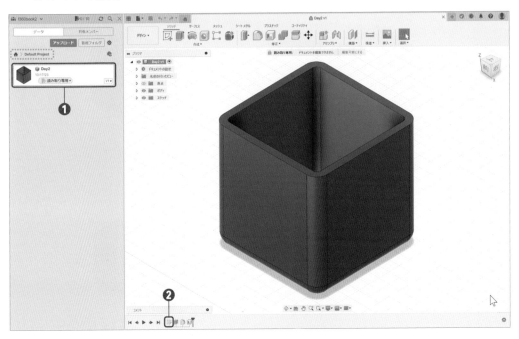

2 この正方形をどのように描いたか思い出してみましょう。ツールバーの［2点指定の長方形］で長方形を描き、長辺と短辺を同じ寸法値にして作成しましたね。

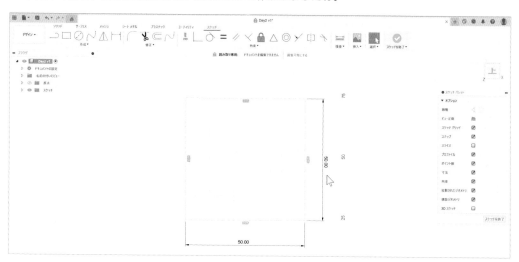

3 このスケッチをよく観察してみましょう。4本の線分（始点と終点を持つ有限な直線）それぞれに、線分を特定する拘束条件の記号がついています。上の横線の記号をクリックすると、画面右下に「水平拘束」と表示されます。スケッチには必ず原点 (0,0)、X軸（赤い線）、Y軸（緑の線）が存在していますが、水平拘束とはX軸と平行であることを表しています（縦線の場合はY軸と平行な垂直拘束）。

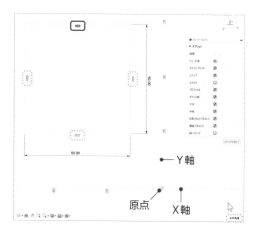

4 次に、4本の線分の交点を確認しましょう。交点をクリックすると記号が現れるので、さらにこの記号をクリックします。画面右下に「一致拘束」と表示され、縦線と横線の端点が一致していることを確認できます（一致拘束をすべて表示すると画面が記号だらけになるので、通常は非表示になっています）。

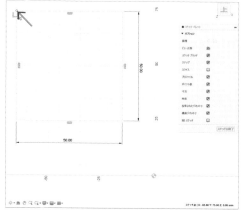

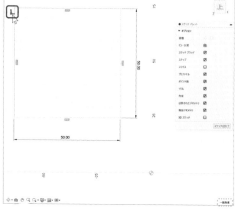

5 4本の線分の端点がすべて一致していると、「閉じた状態」になります。この状態では内部が水色に塗りつぶされ、スケッチを押し出せるようになります。端点が一致していない場合は、内部は白いままです。

水色に
塗りつぶされている

水色に
塗りつぶされていない

Column **端点の白丸**

線分の端点が離れていて一致拘束が適用されていない（端点が一致していない）場合は、端点の白丸が2つ離れて表示されます。

---

6 さらに線分の色も確認しましょう。水色の線分は「完全に拘束されていない状態」を表し、移動できます。線分をドラッグしてみると、正方形の位置が動きます。

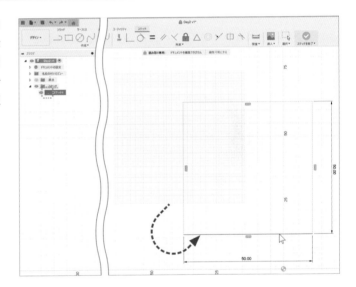

7 次に、原点から寸法を指定して、正方形の位置を決めます。❶ツールバーの［スケッチ寸法］をクリックして、❷原点と❸下の横線の間に❹寸法を追加します。同様に、左の縦線にも寸法を追加します。正方形の位置が決まったので、スケッチの線の色が黒になり、このスケッチは「完全拘束」されました。ブラウザの「スケッチ1」に鍵マークが追加され、完全拘束されていることを確認できます。

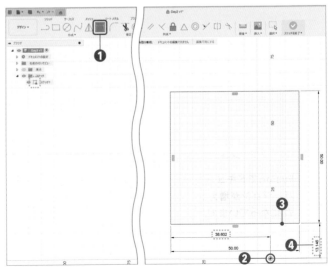

8 この状態になると、正方形の位置をドラッグで動かすことはできません。移動するには寸法値を変更します。寸法値をダブルクリックして、下図の値に変更してみましょう。寸法値の位置はドラッグして移動できます。

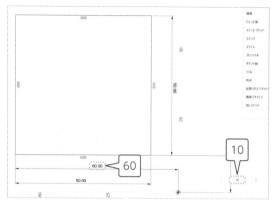
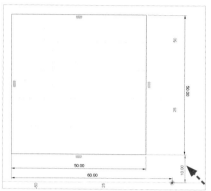

9 これでスケッチの確認は終了です。スケッチを終了して、アプリケーション バーからドキュメントを保存します。2回目以降の保存では、下図のダイアログが現れ、説明を入力できます。特に必要がなければ、そのまま[OK]をクリックします。

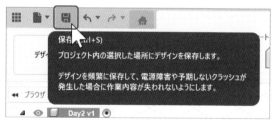

10 データ パネルのDay2ドキュメントから、[V2]をクリックして新しいデータが保存されていることを確認します。保存したことで編集可能に戻っているので、読み取り専用に変更しておきましょう。

Column **バージョン**

Fusionでドキュメントを保存すると、新たなバージョンとして保存されます。保存した回数だけバージョンが増えていきます。上記の例では、Day2で保存したものがV1、本日保存したものがV2になっています。

データ パネルからドキュメントを開くと、最新のバージョンが開きます。必要に応じて、最新ではないV1を確認したり、V1に変更を加えることも可能です。

3-2 スケッチのコマンドを確認しよう

だいぶスケッチへの理解が深まったと思います。ほかのコマンドも確認していきましょう。スケッチには、「作成」「修正」「拘束」の大きく3つのグループがあります。

1 作成グループから見ていきましょう。❶ツールバーの[作成]をクリックすると、コマンドが表示されます。❷[長方形]をクリックするとさらに3つのコマンドが表示され、「2点指定の長方形」以外にも2つの長方形の描き方があることがわかります。

2 ツールバーに表示されているもので大抵のスケッチは描くことができますが、作成グループには30を超えるコマンドがあります。

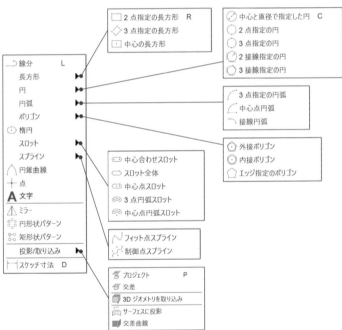

3 修正、拘束グループにも、それぞれ12コマンドがあります。いくつか面白いコマンドがあるので、本日の練習問題で使ってみましょう。

☑ スケッチ パレット、グリッドとスナップ

1 コマンド以外にも理解しておくべきものがあります。画面右に表示されている「スケッチ パレット」を見ていきましょう。「線種」は通常の線（実線）をコンストラクションや中心線に変更し、「ビュー正面」は選択した平面を正面に切り替えます。ほかのチェックボックスは、それぞれの表示／非表示を切り替えられます。「スライス」にチェックを入れると、スケッチ平面で3Dモデルをカットしてくれるので、手前に3Dモデルがある場合、スケッチが見やすくなります。

2 キャンバス上のグリッドの表示／非表示や、間隔の変更などの設定は、ナビゲーション バーの[グリッドとスナップ] で変更できます。また、ここで「グリッドにスナップ」にチェックが入っていると、グリッドの交点にカーソルを近づけたときに吸いつくような感じがし、スナップされるようになります（水色の四角が現れます）。

3-3 スケッチを練習しよう

スケッチは、いろいろな形状を描いていくことでどんどん上達します。ここでは、いろいろな作成コマンドと拘束を使う練習をしていきます。

☑ 正三角形

1 新規デザインを開始します。[スケッチを作成]をクリックし、さらにキャンバスに表示された下の平面(XY平面)をクリックします。

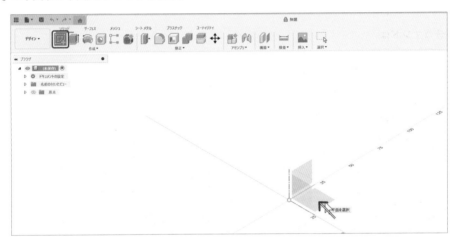

2 ツールバーで[線分]をクリックして、❶どこか1点目をクリックし、❷続いて2点目をクリックすると1本目の線分が描かれます。1点目をクリックしてカーソルを動かしたときに、長さの寸法と角度の寸法が現れますが、角度の寸法が0度になったときに、拘束の記号も表示されます。この状態で2点目をクリックすると、その線分には水平拘束が適用されます。

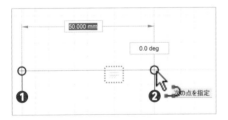

3 さらにカーソルを動かすと2点目からも線分が伸びるので、❶3点目をクリックして2本目の線分を描きます。そしてカーソルを動かし❷1点目と同じ場所をクリックすることで、三角形が完成します。

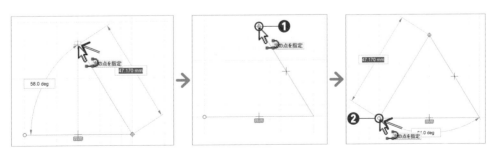

4 三角形が完成すると、内部が水色に塗りつぶされ、閉じた状態になります。

Column **コマンドの終了**

線分コマンドは、連続的に線分の端点をクリックして、複数の線分を1コマンドで描くことができます。三角形が閉じた状態になってもコマンドは継続しており、この状態のときには、カーソルに「最初の点を配置」と表示されているはずです。これは、まだ線分コマンドを実行中で、1点目を選択するよう求められています。ツールバーを確認すると、線分が選択されている（青くなっている）のでコマンドが実行中であることを確認できます。
コマンドが実行中のまま、次の作業を行うために何かをクリックすると思うようにいかない場合が多々あります。そんなときのために、コマンドの終了を明示的に指示できる方法を2つ紹介します。

- 線や寸法がない場所を右クリックし、マーキング メニューで[OK]をクリックする。
- エンター、リターン、エスケープキーのいずれかを押す。

コマンドが終了していると、カーソルは単純な矢印だけになり、ツールバーは何も選択されていない状態になります。

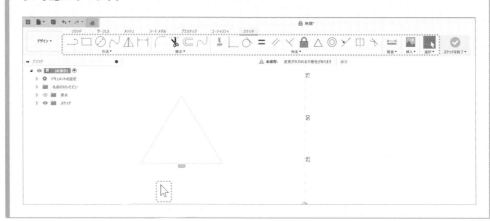

5 三角形を正三角形に整えていきましょう。正三角形の定義は、「3辺の長さがすべて等しい」か「3つの内角がすべて等しい」です。

3辺の長さをすべて等しくする方が簡単なので、ツールバーの［等しい］をクリックし、❶❷底辺と左斜辺に拘束をつけます。さらに❸❹底辺と右斜辺にも拘束をつけて、コマンドを終了します。

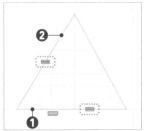
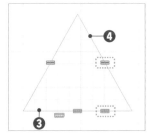

6 これで正三角形にはなりましたが、位置とサイズが指定されていないので、線分の色が水色のままです。位置を指定するために、❶底辺の右端点と❷原点に❸水平寸法を追加します。垂直寸法も同様に追加してください。

サイズを指定するために、❹底辺の❺長さ寸法を追加すれば完全拘束されるので、ここでコマンドを終了しましょう。

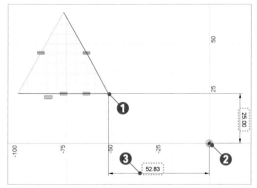
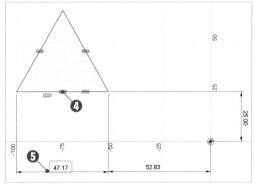

7 これで正三角形のスケッチは終了です。ドキュメントは「sankaku」という名前でDefault Projectに保存します。

☑ 平行四辺形

1 新規デザインを開始し、正三角形のときと同じようにXY平面にスケッチを準備します。[2点指定の長方形]をクリックして、❶1点目で原点をクリックし、❷対角の点をクリックして長方形を描きます。これは原点に一致拘束が適用されるので、原点からの寸法を省略できます。

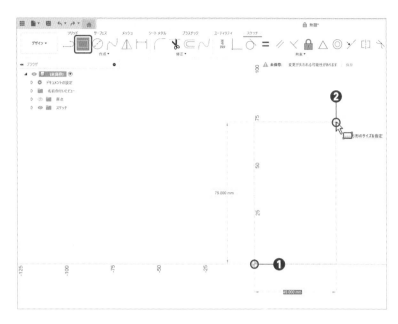

2 エスケープキーなどでコマンドを終了したら、左辺の垂直拘束を選択してデリートキー（または右クリックで削除）を押します。右辺の垂直拘束も同じように削除します。

3 右上の交点と左上の交点をドラッグしてみましょう。縦線2本が垂直でなくなったことを確認できました。このように、拘束は追加するだけでなく、削除することもできます。スケッチの途中で、意図せず拘束が追加されてしまうことがあるので、その場合は今回の方法で削除しましょう。

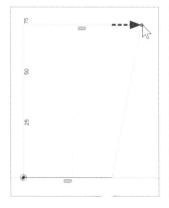
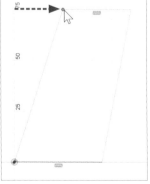

4 [平行] をクリックして、❶❷縦線2本に拘束を追加します。これで平行四辺形ができあがりました。

平行
2つの線分が同じ方向に延長して交差しないように拘束します。

ヘルプを表示するには Ctrl+/ を押してください。

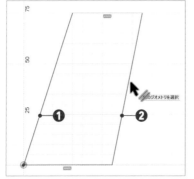
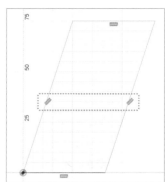

5 最後に底辺の長さ、底辺と上辺の距離、底辺と斜辺の角度の3つの寸法を追加して、完全拘束された図形にします（角度は、底辺と斜辺をクリックしてカーソルをスケッチ内で動かすことで現れます）。
これで平行四辺形のスケッチは終了です。ドキュメントは「heikoushihenkei」という名前でDefault Projectに保存します。

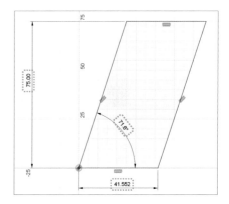

☑ 回転断面

1 カップの断面のような形を描いてみましょう。[線分]で❶原点から❷水平な線分を描きます。続けて右上にカーソルを動かし、❸適当な位置でクリックし、コマンドを終了します。

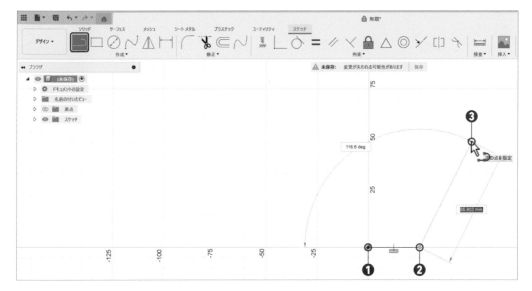

2 [フィレット]をクリックして、❶底辺と❷斜辺をクリックします。角が丸まり、半径を要求されるので、今回は「5」と入力します。

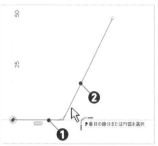

3 [修正] > [オフセット]をクリックし、「チェーン選択」にチェックが入った状態で線分をクリックすると、オフセットされた赤い線分が現れます。内側にオフセットしたいので、寸法には「-5」と入力します。オフセット拘束と寸法が追加されます。

4 オフセットの両端を繋げていきます。❶❷上側の端点から水平な線分を、オフセットされた内側の線分に交差する場所（カーソルに「×」が現れます）まで描きます。

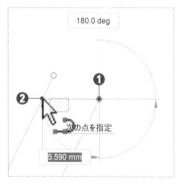

5 ❶❷原点から垂直な線分を描き、線種を[中心線]にします。これで閉じた状態になりました。

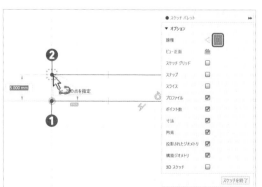
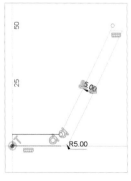

Column	線種

線の種類は3つあります。左の実線は、形状や位置を指定する際や、寸法、拘束を入れやすくするために使います。実線はいつでもスケッチ パレットの線種から切り替えることができます。

右の中心線（一点鎖線）は、回転断面のように左右対称であることを示すために使います。実線と共に、中心線も閉じた状態の判定に使われます。

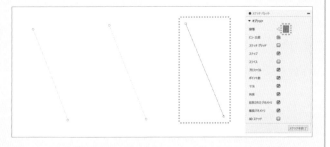

真ん中のコンストラクション（破線）は、閉じた状態の形状や位置を補助的に指定する際に、寸法や拘束を入れやすくするために使います。閉じた状態の判定には使われません。

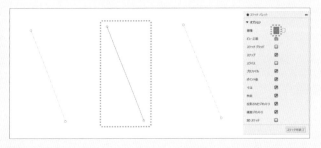

たとえば図1のように、カップの断面の下底にフィレットをつける前の頂点に寸法を追加したい場合や、図2のように長方形の位置を指定する際に、中心を指示したい場合などはコンストラクションが便利です。

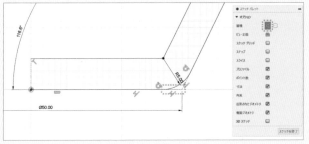

図1

図2

6 続いて、完全拘束するために寸法を追加します。❶右上の端点と❷中心線に❸水平寸法を追加すると、対称形状と認識され、右図のような寸法が入ります。そのほかの寸法も追加しましょう。

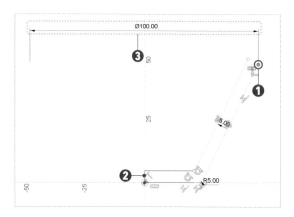

7 オフセットの拘束がどのように働くのかを確認するために、もとの線分を編集してみましょう。フィレットの値をダブルクリックして「10」と入力すると、オフセットした内側の線分の角にもフィレット（R5）が追加されます。このように、もとの線分の変更に合わせてオフセットされた線分も変化します。これで回転断面のスケッチは終了です。ドキュメントは「kaiten danmen」という名前でDefault Projectに保存します。

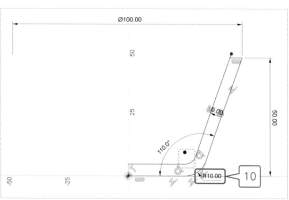

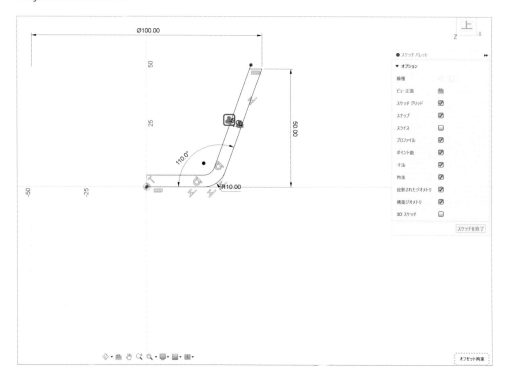

☑ 星

1 次は、星を描いてみましょう。難しそうに思うかもしれませんが、意外に簡単に描けます。［作成］＞［ポリゴン］＞［外接ポリゴン］をクリックします。❶ 原点をクリックしてカーソルを動かすと、六角形のサイズが変化します。円の半径に「20」と入力し、タブキーでエッジ番号に切り替えて「5」と入力し、❷ Y軸上でクリックします。正五角形が描けました。

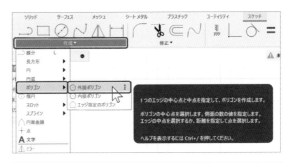

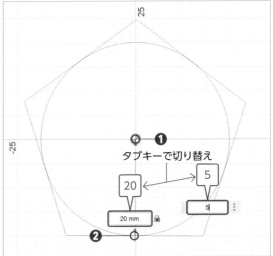

2 原点付近に新たな拘束がつきます。クリックしてみると、画面右下に「ポリゴン拘束」と表示されます（オフセット拘束はダブルクリックで編集できましたが、ポリゴン拘束は編集できません）。六角形や八角形にしたい場合は、再度ポリゴンを描く必要があります。

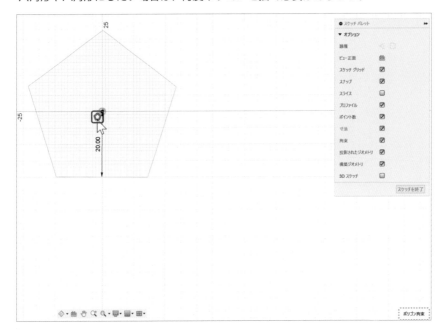

3 底辺に水平拘束をつけて完全拘束すると、線分が黒くなります。

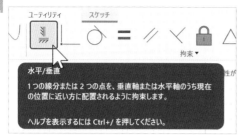

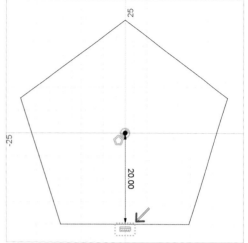

4 この五角形は星を描くための参考線として使うので、ダブルクリックで5本の線分をすべて選択し、線種を[コンストラクション]に切り替えます。

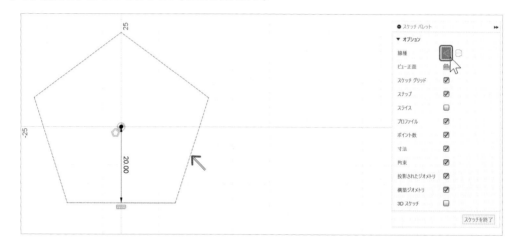

5 線分で五角形の頂点を繋ぎ、星を描きます。

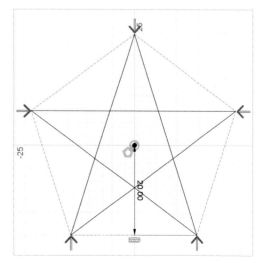

6 このままだと6つの閉じた状態になっている
ので、1つの閉じた状態にします。[修正] > [ト
リム]をクリックし、線分が交差している部分
をクリックして取り除きます。
これで星のスケッチは終了です。ドキュメン
トは「hoshi」という名前でDefault Projectに
保存します。

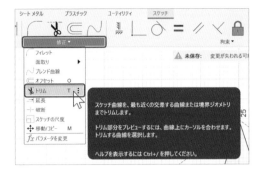

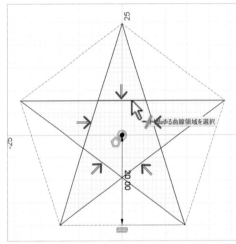

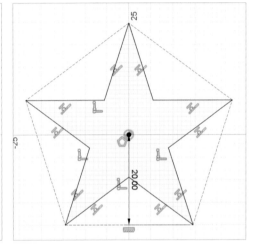

☑ **テキスト**

1 スケッチにテキストを入力することもできます。テキストは水平垂直はもちろん、カーブに沿わ
せて配置することもできます。今回は表札のようなスケッチを描いてみましょう。まずは[線分]
で水平な線分を描き、[作成] > [円弧] > [3点指定の円弧]をクリックして、❶〜❸端点が一致す
る円弧を描きます。

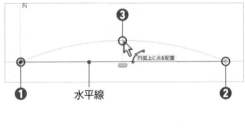

2 円弧のサイズは半径指定ではなく、水平線からの高さ指定にしたいので、❶円弧の中点(三角の
拘束記号が表示される)と❷水平線の中点を繋ぐ垂直な線分も描きます。

3 [選択] > [ウィンドウ選択] をクリックし、3本の線を右上から左下にドラッグして囲み、線種を [コンストラクション]にします。

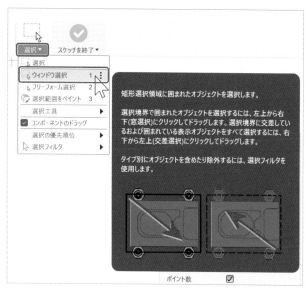

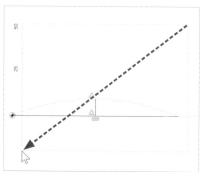

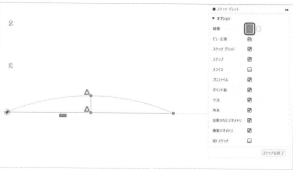

4 [作成] > [文字] をクリックし、タイプを [パス上の文字] にして、先ほど描いた円弧をクリックします。

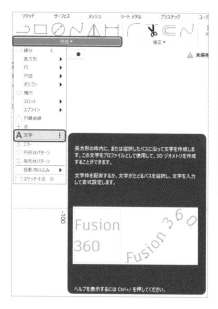

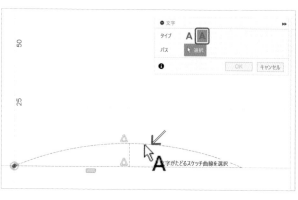

5 テキスト パレットの文字に好きなテキストを入力します。今回は「FUSION360（Autodesk Fusionの旧名称）」にしました。さらに高さを10mmにして、［パスにフィット］にチェックを入れたら、寸法を追加して拘束します。

これでテキストのスケッチは終了です。ドキュメントは「text」という名前でDefault Projectに保存します。

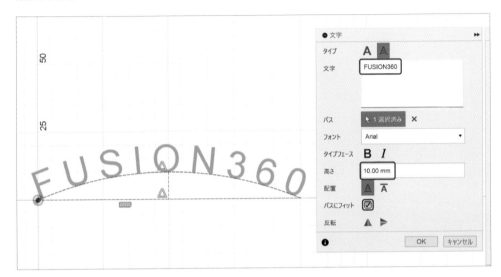

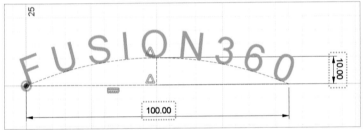

☑ たまご

1 「スプライン」という、曲率（曲がり方）を制御できるカーブを使って、たまごの形を描いてみましょう。［線分］で❶❷原点から垂直に伸びる線分を描いたら❸❹［中心線］にし、寸法を追加します。

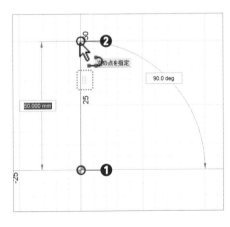

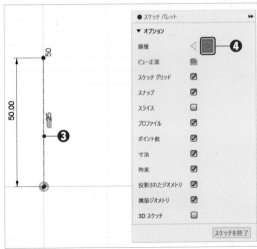

2 ［作成］＞［スプライン］＞［フィット点スプライン］をクリックし、❶原点をクリック、❷右上を
クリック、❸垂直線の端点をクリックします。

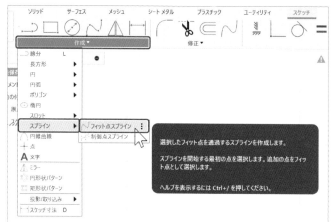

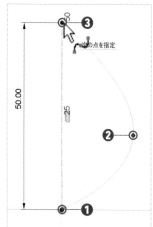

3 右クリックでマーキング メニューの［OK］をクリック
すれば、クリックした3点を通るスプラインが描かれ
ます。

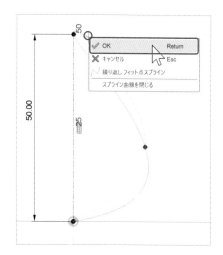

4 真ん中の点には原点からの寸法を追加します。スプ
ラインは、フィット点（クリックした点）の位置と接
線ハンドル（緑の線）で曲率を制御します。接線ハン
ドルをドラッグで伸ばしてみたり、制御線を傾けた
り伸ばしたりしてみてください。

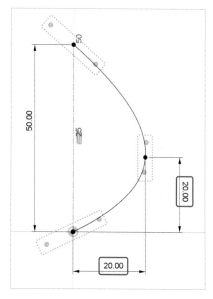

Day
》3

5 完全拘束するには、フィット点と接線ハンドルを拘束すればいいので、垂直線のフィット点の接線ハンドルに水平拘束をつけ、曲線のフィット点の接線ハンドルに垂直拘束をつけます。

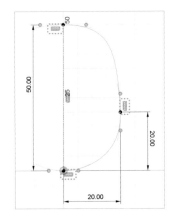

6 曲率を調整するために、接線ハンドルに寸法を追加します。

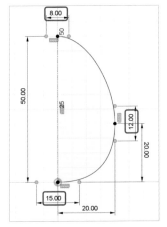

7 たまごの半分の形ができたので、[作成] > [ミラー] をクリックして❶❷完全な形にします。
これでたまごのスケッチは終了です。ドキュメントは「tamago」という名前でDefault Projectに保存します。

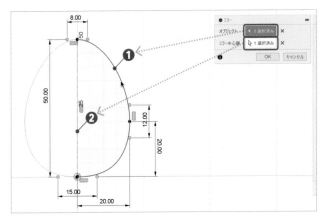

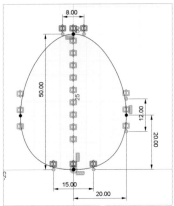

以上でスケッチの練習は終了です。6つのスケッチを様々なコマンドと拘束で描きました。まだ理解が難しいところも、先に進むと「そういうことだったのか！」と感じるはずです。

3-4 ベクターデータを取り込もう

コンピュータで扱う線画には、ラスターとベクターという2種類のファイル形式がありますが、Fusion ではベクターのSVG、DXFを取り込んでスケッチに使えます。今回は、ダウンロードしたファイルを挿入してみましょう。Webブラウザで下記にアクセスし、SVGファイルをPCに保存してください。
ICOON MONO
https://icoooon-mono.com/11347
「Free svg」でWeb検索すると、いろいろな画像をダウンロードできます。

1 [挿入] > [SVG を挿入]をクリックすると、挿入ウィンドウが開きます。[マイ コンピュータから挿入]をクリックし、先ほどダウンロードしたファイルを選択します。

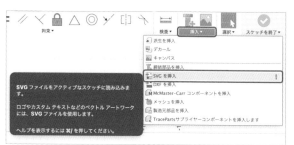

2 キャンバスにSVGファイルが現れます。一緒に現れる矢印やパレットで位置やサイズを調整できますが、今回はそのまま[OK]をクリックします。

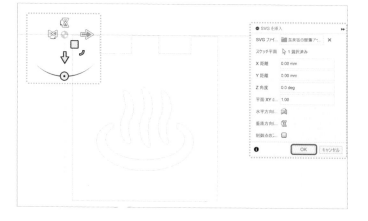

3 SVGファイルが閉じた状態になっていますが、挿入するファイルの状態によって、閉じた状態になるかどうかが決まります。また、すべての線の色が緑になっていますが、緑の線はドラッグしても動きません。
このドキュメントは「vector」という名前でDefault Projectに保存しましょう。

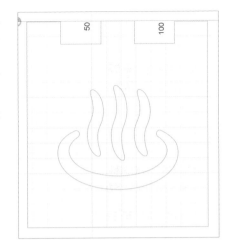

Column **線の色**

新たに緑の線が登場しました。すでに水色、黒の線の違いは解説しましたね。水色はまだ動かせる状態で、黒は完全拘束されている状態です。

緑の線は拘束の「固定」が付加されている状態です。寸法や拘束を追加しなくても、完全拘束ができる特殊な拘束です。線を選択して[固定／固定解除]をクリックすると、線が緑になり固定されます。また、固定された線を解除することもできます。
今回はSVGを挿入しました。DXFを挿入する場合も手順は大体同じですが、固定拘束は適応されずに挿入されます。

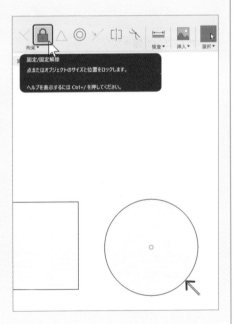

これらの線の色を覚えておきましょう。**Day5**では、ほかの色も出てくるので楽しみにしていてください。

いかがでしたか？ かなり細かい作業が続いたので、大変だったと思います。迷わず操作ができるようになるには慣れが必要です。スケッチはとても重要なので、ぜひ繰り返し練習してみてください。本日もお疲れ様でした！

本日は線分、長方形、ポリゴン、スプラインなど様々なコマンドを使って、寸法と拘束で形状を指定しました。スケッチを終了する前に、以下の2点を確認するようにしましょう。

- 完全拘束されているか
- （例外はありますが）閉じた状態になっているか

線の種類、線の色にもバリエーションがあり、それぞれに意味があることも学びましたね。ほかにも面白いコマンドがあるのでチャレンジしてみましょう。

❶パターン：正三角形のスケッチを使って作成

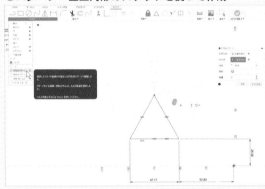
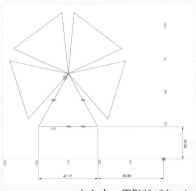

ヒント：円形状パターン

❷ポリゴン：様々なポリゴンを作成

ヒント：エッジ番号

❸点とスプライン：複数の点を描き、点を通るスプラインを作成

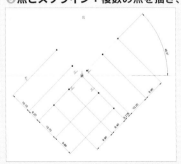
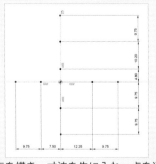
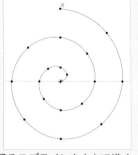

ヒント：コンストラクション線上に点を描き、寸法を先に入れ、点を通るスプラインを1本で描く

Day 4 フィーチャ #1

4日目は、Day3で作成したスケッチを使って3Dモデリングを行いながら、フィーチャについて学んでいきます。フィーチャとは、3Dモデルを作成する際に立体形状を構成する、「押し出し」や「フィレット」などの要素のことです。フィーチャを積み重ねることで、複雑な3Dモデルを作成できます。下記が本日の作業の流れです。

▶ 4-1 デザイン履歴の確認
▶ 4-2 フィーチャの理解
▶ 4-3 フィーチャの作成

4-1 デザイン履歴を確認しよう

1 すでにフィーチャを作成している、Day2ドキュメントを開きましょう。

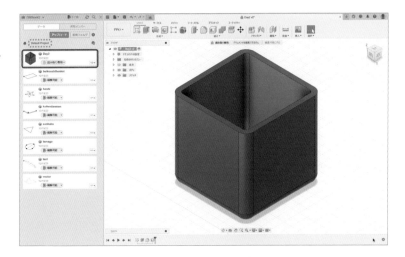

2 タイムラインを見ていきます。タイムラインでは、過去の手順に戻ってスケッチや押し出しを編集したり、順序の入れ替えができます（Day2「2-5　ボディを修正（シェル／フィレット）しよう」でシェルとフィレットの順序を入れ替えましたね！）。
それでは、どのような手順で作成したか確認していきます。左端の[先頭に移動]をクリックして履歴を巻き戻すと、何もない状態になりました。

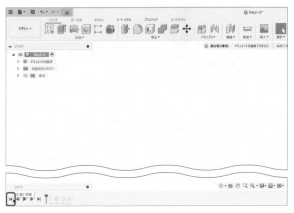

3 [次のステップ]をクリックすると、スケッチ1が実行されます。非表示になっているので、目のアイコンをクリックしてスケッチを表示させましょう。

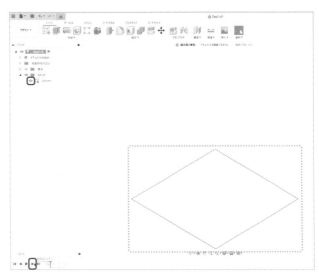

4 さらに[次のステップ]をクリックしていくと、押し出し1、フィレット1、シェル1と手順が進んでいきます。
この3Dモデルは、1つのスケッチと3つのフィーチャで作成されていることがわかりましたね。このように、過去のドキュメントがどのような手順で作成されたかを確認できるので、タイムラインはとても便利です。

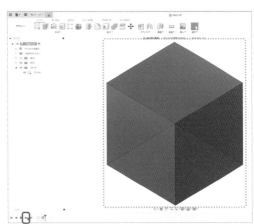

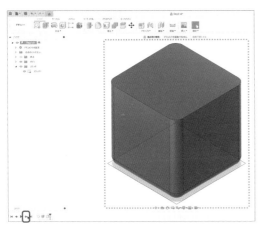

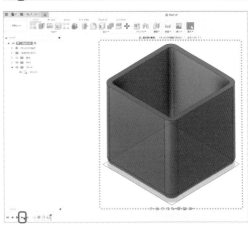

5 これでデザイン履歴の確認は終了です。保存せず、ドキュメントを閉じましょう。

⚠ 未保存の変更

保存しない場合、Day2 v2 への未保存の変更は破棄されます。

☐ 閉じるときに自動保存

保存　　保存しない　　キャンセル

4-2 フィーチャを理解しよう

フィーチャには、作成フィーチャと修正フィーチャがあります。それぞれどのようなフィーチャが用意されているか確認していきましょう。

☑ 作成フィーチャ

作成フィーチャは、スケッチを使い新たにボディを作成したり、既存ボディに新たに形状を追加する際に使います。デザイン作業スペースを確認しましょう。ツールタブには、ソリッド、サーフェス、メッシュ、シートメタル、プラスチック、ユーティリティがあり、それぞれ異なるフィーチャが並んでいます。メッシュ、シートメタル、プラスチックには、専門知識が必要な特殊なフィーチャが並んでおり、難易度もかなり高いので、本書ではこれらには触れず、ソリッドとサーフェスについて解説します。
ソリッドは水色、サーフェスはオレンジ色のアイコンになっており、それぞれ下記のような作成フィーチャがあります。

- 押し出し、回転、スイープ、ロフト：スケッチからボディを作成
- リブ、ウェブ、エンボス、穴、ねじ：すでに存在するボディに対して追加
- 直方体、円柱、球、トーラス、コイル、パイプ：単純な形状を手早く作成（プリミティブと呼ばれる）
- パターン、ミラー：選択したボディ、フィーチャ、面などを規則正しく並べたり対称コピーする

☑ 修正フィーチャ

修正フィーチャは、既存のボディの一部を変更する際に使います。ソリッドとサーフェスにはそれぞれ下記のような修正フィーチャがあります。

- フィレット、面取り、シェル：既存のボディを修正
- プレス／プル、勾配、面をオフセット、面を置換：既存のボディの面を移動、変形

下記については、Day5以降で説明します。

- 結合、面を分割、ボディを分割、シルエットを分割：ボディを変更
- 移動／コピー、位置合わせ、削除、除去：ボディの位置を変更
- 物理マテリアル、外観、マテリアルを管理：材質や見た目を変更

☑ 構築ジオメトリ

3Dモデルを作成する上で、重要なものがあります。「構築ジオメトリ」と呼ばれるもので、平面、軸、点を作成でき、平面が存在しない場所にスケッチを描きたい場合などに使います。作成方法はいろいろありますが、「オフセット平面」「傾斜平面」「中立面」「点の位置で面に垂直な軸」「2つのエッジの通過点」などをよく使います。

4-3 フィーチャを作成しよう

様々なフィーチャを使って、少し複雑な形状を作成してみましょう。Day3で作成したスケッチを立体化していきます。

☑ 軸、押し出し、パターン

Day3で作成したsankakuドキュメントを使って、歯車のような形状を作成します。同じ形が規則的に並んだものを作成する手順は様々ありますが、ここでは円形状パターンを使ってみましょう。

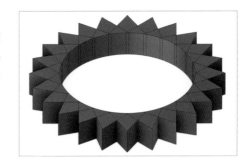

1 sankakuドキュメントを開きます。スケッチ1を編集して、寸法を修正します。

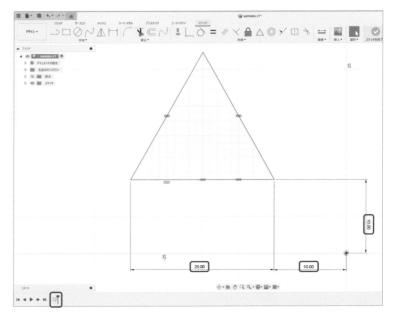

2 [線分]をクリックして、❶頂点から❷対角の辺の中点（三角が表示される）まで、コンストラクション線を描きます。

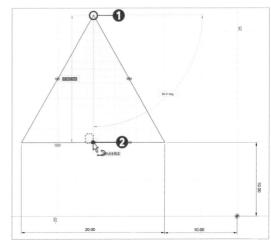

3 同様に、❶もう1つの頂点から❷対角の辺の中点にもコンストラクション線を描きます。

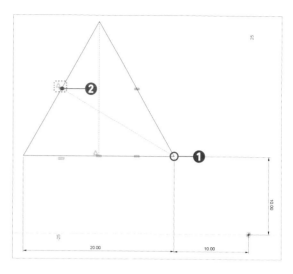

4 [作成]>[点]をクリックして、2本の線分が交差する場所に点を描いたら、スケッチを終了します。

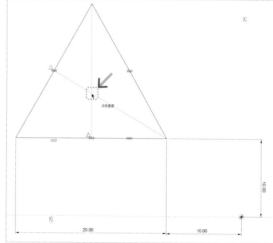

5 [構築]>[点の位置で面に垂直な軸]をクリックし、三角形の❶点と❷平面をクリックすると、中心に水色の軸が現れます。

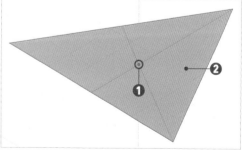

6 [押し出し]をクリックして、スケッチ1を3mm押し出します。フィーチャに使ったスケッチは自動的に非表示になります。

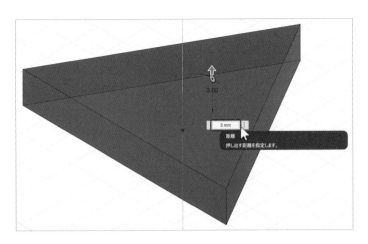

7 [作成]>[パターン]>[円形状パターン]をクリックして、オブジェクトで❶ボディ1を、軸で❷軸1を選択し、数量を「8」にします。

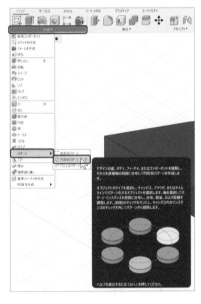

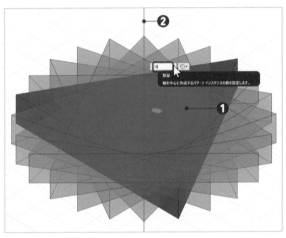

8 ブラウザのスケッチ1を表示させ、[スケッチを編集]をクリックして、[作成]>[円]>[中心と直径で指定した円]で❶❷中心点に直径16mmの円を描き足します。

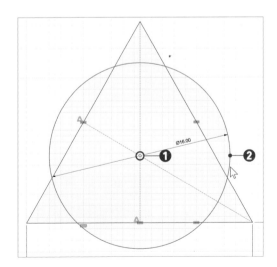

9 ビューキューブで斜め下からのビューに切り替えます。[押し出し]をクリックし、押し出しパネルの「プロファイル」で❶〜❹4つの閉じた領域を選択します。❺「範囲のタイプ」を「すべて」、❻「操作」を「切り取り」にして[OK]をクリックします。

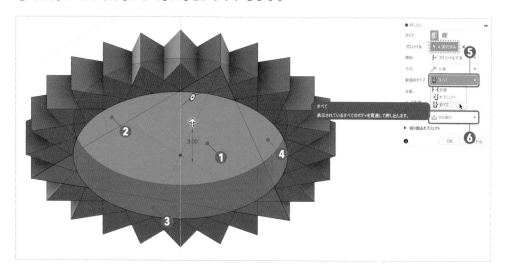

10 作成したドキュメントを確認してみましょう。タイムラインには下記の手順通りに記録されているはずです。

- **スケッチ：三角形＋円**
- **軸：三角形の中心軸**
- **押し出し（新規ボディ）：三角形の立体化**
- **円形状パターン：三角形を規則的に複数コピー**
- **押し出し（切り取り）：円でカット**

11 続いて、ブラウザのボディ、スケッチ、コンストラクションの中身を見てみましょう。24個のボディと、スケッチ1、軸1があるでしょうか？ このようになっていない場合は、どこかで手順から外れたことを行っているはずです。この状態になるよう、もう一度見返してみてください。
この続きはDay6で行うので、保存してドキュメントを閉じましょう。

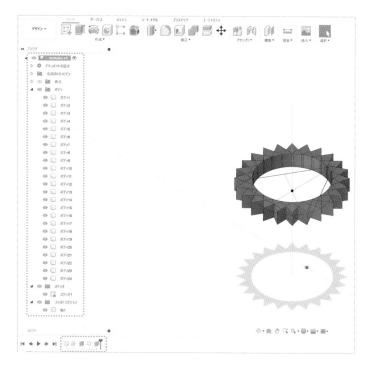

☑ 押し出し(新規ボディ)、押し出し(切り取り)、エンボス

Day3で作成したtextドキュメントを使って、テキス
ト部分を立体化させた表札を作成します。

1　textドキュメントを開きます。スケッチ1を編集して、下図の寸法でテキストの外側に長方形を
描き足します。

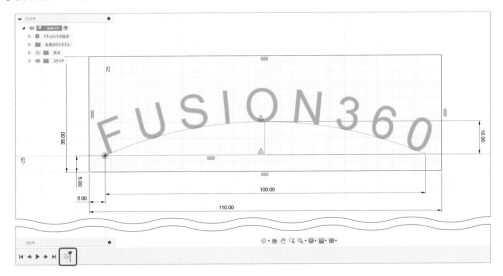

2　[押し出し]をクリックして長方形をプロファイルに選択し、距離に「-10」と入力して、[OK]をク
リックします。

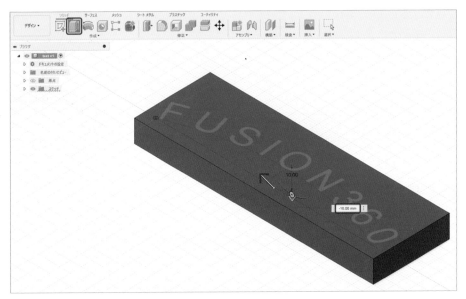

3 天面を曲面にしたいので、下面にスケッチを作成します。

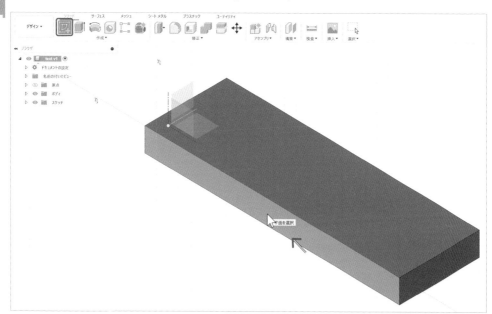

4 [作成] > [円弧] > [3点指定の円弧]をクリックして、❶❷左右の縦線の中点を通り、❸上の横線に接する円弧を描きます（接線拘束が追加されます）。

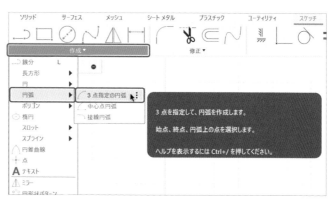

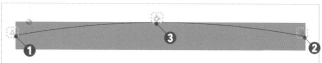

5 [押し出し]をクリックして、❶❷右図のようにプロファイルを選択して切り取ります。

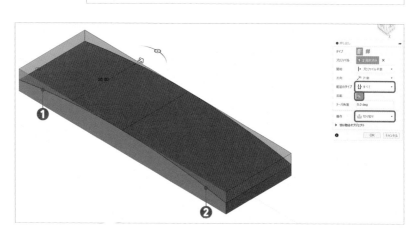

6 テキストを立体にするので、スケッチ1を表示させます。

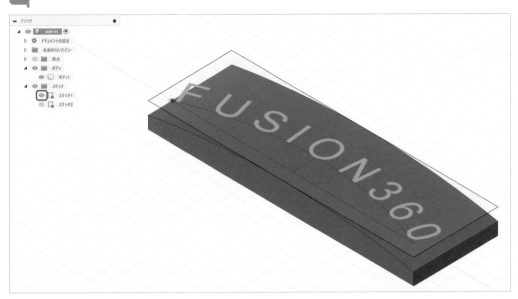

7 [作成] > [エンボス] をクリックして、❶「スケッチ プロファイル」にテキスト、❷「面」に上面 (曲面) を選択し、「深さ」が「1mm」の凸形状にして [OK] をクリックします。スケッチ1は非表示に戻します。

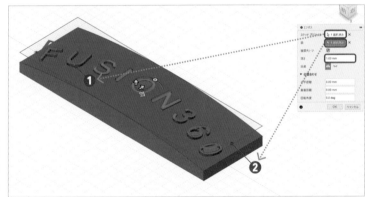

Column | **フォント**

スケッチのテキストではフォントを選択でき、オペレーティング システムにインストールされているTTFフォントを使うことができます。インターネットから無償で使えるフォントをダウンロードすれば、様々なフォントを立体化できます (日本語もOK)。Fusionで新しいフォントを追加する方法は、下記を参照してください。

https://www.autodesk.co.jp/support/technical/article/caas/sfdcarticles/sfdcarticles/JPN/How-to-add-a-new-font-in-Fusion-360.html

8 これで表札が完成しました。
保存して、読み取り専用に
変更しましょう。

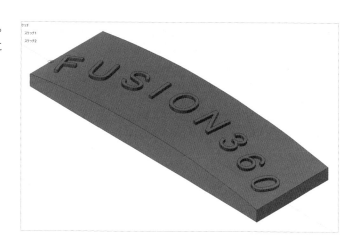

いかがでしたか？　このようにフィーチャを積み重ねることで、あらゆる形状が作成できるようになります。Day5でも、フィーチャについて今回解説しきれなかった部分を学んでいきます。本日もお疲れ様でした！

Day 4 まとめと課外授業

本日は、押し出しで基本となる形を作成し、パターンとエンボスで仕上げました。ここではさらに手を加えてみましょう。

1. 歯車を指輪にする

1 自分の指周りの長さを紐などで測ります（筆者は65mmだったので、指輪の内径は65 ÷ 3.14 = 20.7mmがよさそうです）。

2 スケッチ1を編集し、寸法を変更してみてください（円の直径を20.7mmに変更しましたが、三角形が小さすぎて繋がらなくなるので、三角形の辺の長さを25mmにしました）。

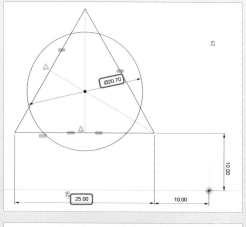

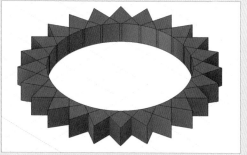

2. 表札のテキストとフォントを変更する

1 好みのフォントを見つけます（筆者はGoogle Fontsの「Mochiy Pop One (https://fonts.google.com/specimen/Mochiy+Pop+One)」にしました）。フォントをダウンロードしてインストールします。Fusionを再起動すると新しいフォントを選択できるようになります。

2 スケッチ1を編集し、フォントと文字列を変更します（バランスをよくするために、文字サイズと配置寸法などを整えましょう）。

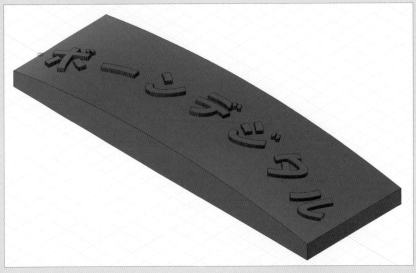

Day 5 フィーチャ #2

Day4では、フィーチャを積み重ねることで複雑な3Dモデルが作成できることを学びました。5日目は、3Dモデリングの続きを行いながら、フィーチャとパラメータの使い方を学んでいきます。最初のフィーチャでどのような形状を作成するかが重要になってきます。下記が本日の作業の流れです。

▷ 5-1 フィーチャの作成
▷ 5-2 パラメータの理解

5-1 フィーチャを作成しよう

☑ 回転、押し出し、フィレット

Day4の続きで、様々なフィーチャを作成します。まずは回転フィーチャを使って、カップを作成していきましょう。

1 Day3で作成したkaitendanmenドキュメントを開きます。スケッチ1を編集して下図のように変更し、スケッチを終了します。

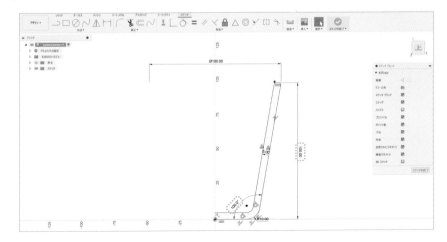

2 続いて、スケッチを回転させてカップの形状を作成していきます。[作成] > [回転]をクリックすると、中心線がある未使用のスケッチがあるので、自動的にプロファイルと軸が選択され、360度回転します。簡単にカップができましたね。

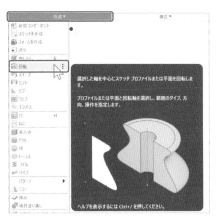

3 横向きになっているので、90度回転させてカップを立たせましょう。[修正] > [移動／コピー]をクリックして、移動／コピーパネルで「オブジェクトを移動」が「ボディ」になっていることを確認したら(なっていなければボディに変更してください)、カップの底面にカーソルを合わせます。

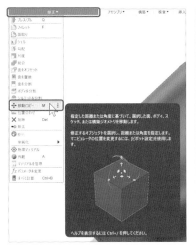

4 白い矢印を底面の中心に合わせてクリックすると、ここが基準点(ピボット)になるので、円形のハンドルをドラッグして90度回転させます。

基準点の変更

移動／コピーパネルの「ピボット設定」横の座標系アイコンをクリックして (アイコンが緑のチェックマークになります) カーソルを動かすと、基準点の位置を変更できます。原点を基準点にしたい場合は、ブラウザで原点を選択します。基準点の位置が定まったら、チェックマークをクリックして移動させます。

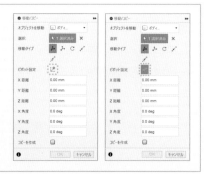

5 XZ平面にスケッチを作成します。回転フィーチャでできあがった面の一部をスケッチに取り込みます。[作成] > [投影/取り込み] > [交差]をクリックし、カップの内側の面をクリックすると、スケッチ平面と面が交差する紫の線が現れます。この線は[コンストラクション]に変更しましょう。

交差パネルの「投影リンク」にチェックが入っていれば内側の面に合わせてスケッチ内の交差線も変更されるので、スケッチを既存のボディなどに関係づける際にとても便利です。

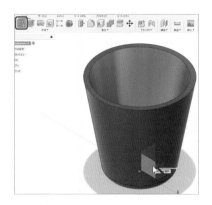

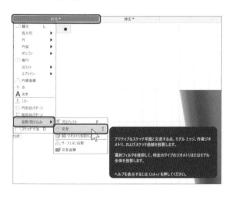

交差した線

6 交差線に一致する持ち手部分の形状を、右図のようにスケッチします。スケッチ平面の手前側に3Dモデルがあるため、スケッチが見えづらいかもしれません。そんなときは、スケッチ パレットの「スライス」にチェックを入れると、3Dモデルを平面でカットして、手前側を消してくれます。作成できたら、スケッチが閉じていない状態ですが、このままスケッチを終了します。

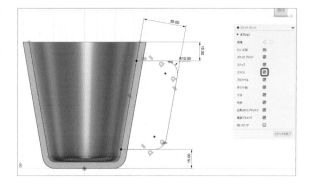

Day3「線の色」コラムで、線の色について説明しました。新たに紫の線が登場したので、スケッチ線の色について振り返ってみましょう。

水色：拘束が不十分なので動く　　　緑：固定拘束がついており動かない
黒：完全拘束されており動かない　　紫：投影／取り込みされており動かない

7 持ち手部分を作成していきます。[押し出し]をクリックし、「タイプ」を「薄い押し出し」に変更します。「押し出し」は閉じたスケッチプロファイルを押し出しますが、「薄い押し出し」は閉じていなくても厚みを加えて押し出すことができます。
「チェーン」にチェックが入っていることを確認し、「プロファイル」で先ほど描いた持ち手部分のスケッチを選択します。「方向」を「対称」、「計測」を「全体の長さ」、「距離」を「15」、「壁の厚さ」を「7」、「壁の位置」を「サイド1」、「操作」を「結合」にして[OK]をクリックします。

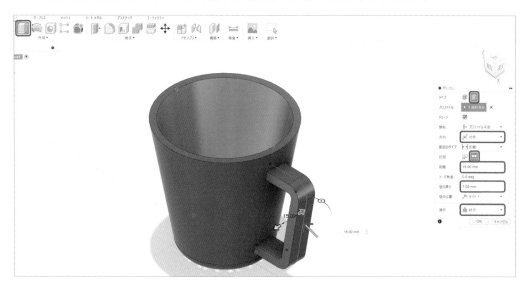

8 続いて、カップのふちが角張っているので丸めていきます。[修正]>[フィレット]をクリックして、❶❷カップ上部の2つのエッジを選択し、2mmのフィレットをつけます。

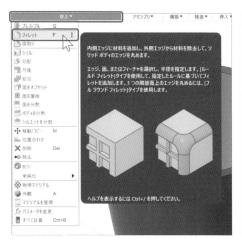

9 同様に、❶〜❻持ち手部分にも3.5mmのフィレットを2つつけます。

10 これでカップのモデリングは終了です。このドキュメントは後ほど使うので、保存して開いたままにしておきましょう。

☑ 回転、傾斜平面、スイープ

ヒートン（金属製のフック）を、たまご型のチャームの上部にスイープで作成していきましょう。

1 tamagoドキュメントを開き、スケッチ1を回転させて、たまご型を作成します。回転フィーチャはカップで使ったので簡単ですね。❶プロファイルと❷軸を選択し、角度を360degにします。

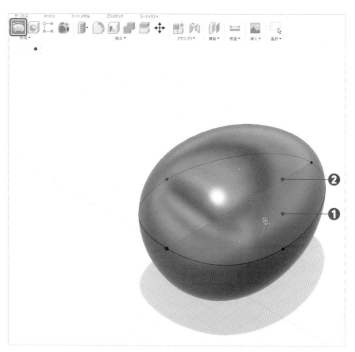

2 次に、ヒートン部分のスケッチを描きます。XY平面にスケッチを作成し、[作成] > [投影／取り込み] > [交差] をクリックして、外形線を取り込みます。

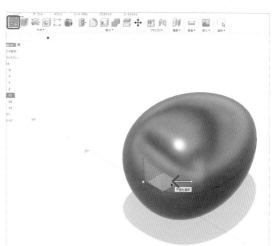

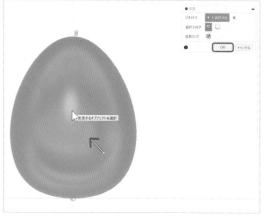

3 続いて、❶線分（実線）、❷〜❹線分（コンストラクション）、❺❻円を描きます。さらに、右図のように垂直、水平、接線拘束と寸法を追加します。

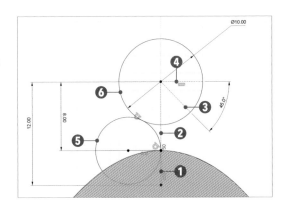

4 ［修正］＞［トリム］をクリックして右図のように整え、スケッチを終了します。

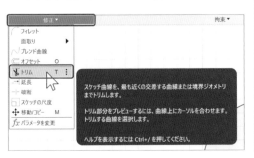

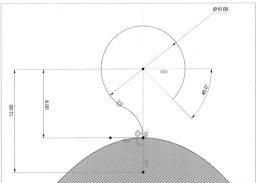

5 ［構築］＞［傾斜平面］をクリックして、斜めのコンストラクション線を選択し、角度に「90」と入力します。

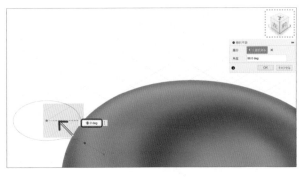

6 この平面1にスケッチを作成します。［作成］＞［投影／取り込み］＞［プロジェクト］をクリックし円弧の端点をプロジェクトして、この点を中心に直径2mmの円を描き、スケッチを終了します（この作業はビューを傾けた方が描きやすいです）。

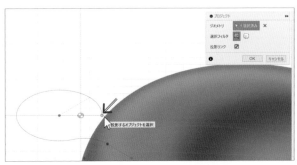

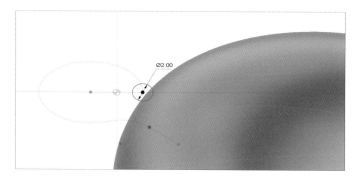

[作成] > [スイープ]をクリックして、❶プロファイルでスケッチ3の円、❷パスでスケッチ2の
フック形状を選択し、新規ボディを作成します。

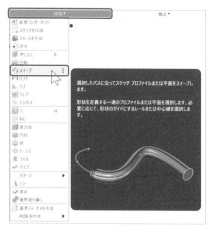

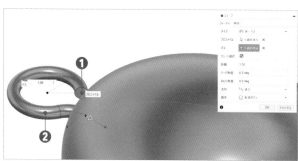

最後に [移動／コピー] をクリックし、原点を基準点にしてボディ 1、2 を-90度回転させて、縦
向きにしましょう。タイムラインとブラウザは下図のようになります。
これでたまご型のチャームの作成は終了です。保存して、ドキュメントを閉じたら読み取り専用
にします。

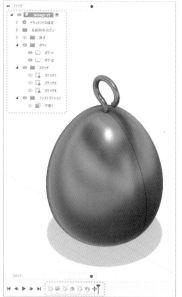

☑ オフセット平面、ロフト、ミラー

ここまでは、押し出しや回転、スイープでボディを作成し、パターンやフィレットでボディを修正してきました。ほかにもボディを作成するフィーチャがあるので、星のツリートップを作成してみましょう。

1 hoshiドキュメントを開きます。スケッチを編集し、20mm寸法を[被駆動を切り替え]をクリックして括弧寸法にします。さらに五角形の底辺に「50mm」の寸法を入れて、スケッチを終了します。

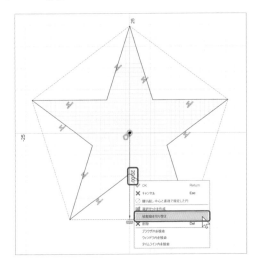
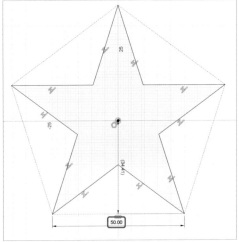

Column **被駆動寸法**

通常の寸法は形状を駆動（寸法値の変更により形状が変化）しますが、被駆動寸法では形状を変化できません。過剰拘束（ほかの寸法や拘束条件ですでに形状が確定している）の場合は自動的に被駆動寸法になりますが、[被駆動を切り替え]で意図的に変更することもできます。

---

2 [構築]>[オフセット平面]をクリックして、XY平面の上10mmに作業平面を作成します。

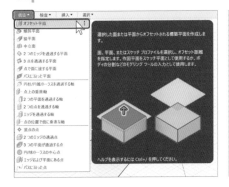
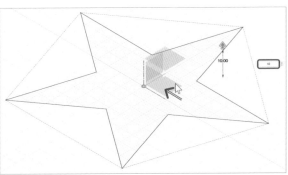

3 平面1にスケッチを作成し、[作成] > [投影／取り込み] > [プロジェクト]をクリックして原点を
投影してスケッチを終了します。

投影された点

4 [作成] > [ロフト]をクリックして、プロファイルでスケッチ1の星とスケッチ2の点を選択します。

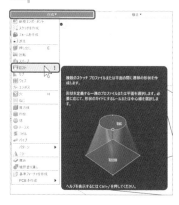

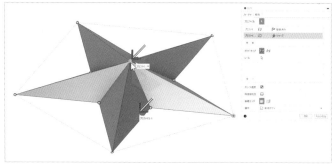

`Column` **レールを使ったロフト**

ロフトというフィーチャは、2つ以上のプロファイルを繋いで立
体化させます。今回は直線的に繋ぎましたが、レールを使って
変化させることも可能です。スイープとの違いは、複数のプロ
ファイルが必要なところです。

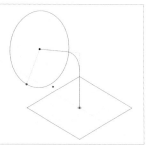

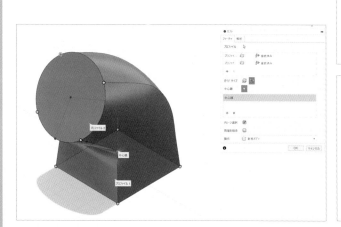

5 反対側も立体化させたいので、［作成］>［ミラー］を使います。［オブジェクト タイプ］を［ボディ］にして、❶「オブジェクト」でボディ1を、❷❸「対称面」でボディ1の下面を選択します。

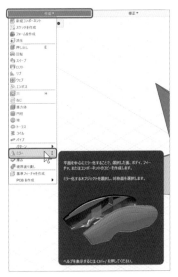

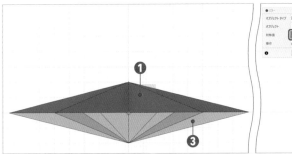

6 続いて、XY平面に新しいスケッチを作成し、右図のようにキャップ部分を描きます。

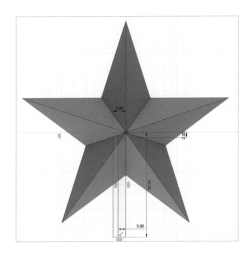

7 ［作成］>［回転］をクリックして、❶プロファイルと❷軸を選択し結合させます。

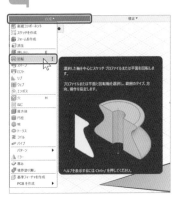

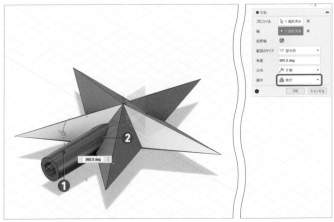

8 最後に、[移動／コピー] をクリックして90
度回転させて縦向きにしましょう。これでツ
リートップの作成は終了です。保存して読み
取り専用に変更します。

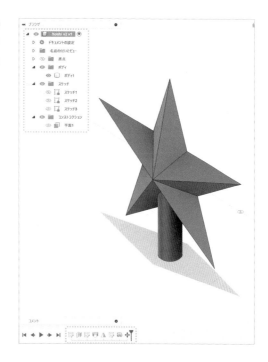

5-2 パラメータを理解しよう

先ほど作成したカップのサイズや形状を変更したいときは、パラメータを活用すると便利です。たと
えば「式」で関連づけることで、2つの寸法を連動させて修正できます。すべての寸法は「d1=10」のよ
うに、「変数名＝値」で管理されているので、変数名を使って式を設定し、寸法を制御することができ
ます。d1とd2を同じ値にしたい場合は、d2の寸法の入力欄に「d1」と入れて、d2=d1のようにします。
ほかに、カップの高さ「takasa」と厚さ「atsusa」のユーザ パラメータを設定して、寸法と関連づけるこ
ともできます。それでは実際に関連づけしてみましょう。

☑ 式

1 kaitendanmenドキュメントを開
き、スケッチ2を編集します。カー
ソルを寸法値に合わせると、変数名
がそれぞれ、上の垂直寸法は「d7」、
下の垂直寸法は「d8」となっていま
す。d7を変更するとd8も変更され
るように、「d8=d7」という式で寸法
を関連づけましょう。下の寸法に、
数字の代わりに「d7」と入力します。

※ 変数名は、システムが作成する順番で自
動的に割り振られるので異なる場合があ
ります。寸法値にカーソルを合わせると
変数名がポップアップするので、自分の
変数名を確認して入力してください。

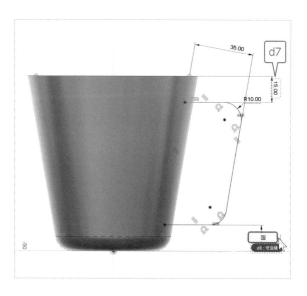

2 下のd8の寸法の前に「fx:」と表示されます。これは、ほかの変数によって駆動することが示されています。d7の寸法を「20」に変えてみましょう。d8も連動して変わるのが確認できるはずです。d9寸法はd7の2倍の値にしたいので、「d9=d7*2」と入力します。

※掛け算は「*（アスタリスク）」、割り算は「/（スラッシュ）」で表します。

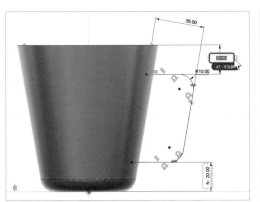
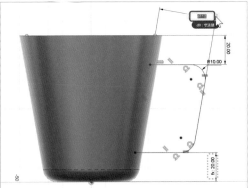

☑ ユーザ パラメータ

1 ユーザ パラメータは、[修正] > [パラメータを変更] をクリックして確認できます。❶❷横の下矢印をクリックすると、スケッチ内の寸法の変数名、単位、式、値が一覧表示されます。

❸右上の[＋]をクリックすると、「ユーザ パラメータを追加」ダイアログが出るので、下図の2つのユーザ パラメータ「takasa」と「kakudo」を作成します。

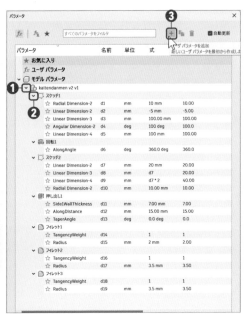

> **Column** **パラメータの単位**

パラメータには単位があります。長さの寸法とパラメータを関連づける際は、単位を「mm」にします。角度の寸法の場合は「deg」、パターン数の場合は「単位なし」で作成します。名前については、システムが使っている名前 (c, r, t, l, g, f, s, m など) は使えません。ただし、「c1」のように文字の後ろに数字をつければ大丈夫です。

2 スケッチ1のd4の寸法の式に「kakudo」、d5の寸法の式に「takasa」を入力します。

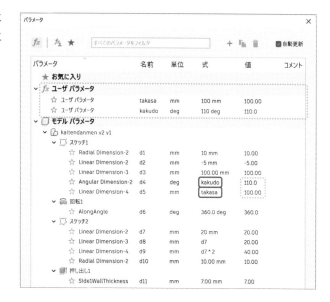

3 takasaを「75mm」、kakudoを「90deg」に変更します。

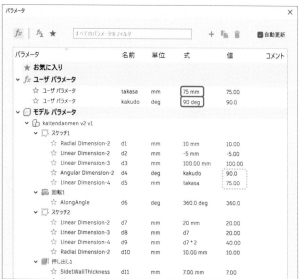

4 パラメータの値を変更することで、右図のようにカップの形状も変わったはずです。このようにパラメータと寸法を関連づけると、スケッチやフィーチャを編集するよりも、簡単に形状を変更できます。これでカップの作成は終了です。保存してドキュメントを閉じます。

いかがでしたか？　一度で理解するのは難しいと思うので、後日振り返ってみてください。Day6では、ボディについて学んでいきます。本日もお疲れ様でした！

Day 5　まとめと課外授業

本日は、回転、薄い押し出し、スイープ、ロフトというフィーチャで基本となる形を作成し、フィレット、ミラーで仕上げました。また、パラメータについても学びましたね。身の回りにあるものを手に取って、どんなフィーチャを組み合わせればその形状ができるかを考えてみましょう。

1. 身の回りのものをどのフィーチャで作成するか
たとえば、ペットボトルはどう作成しますか？　いろいろな方法がありますが、カップのように断面形状をスケッチし、回転するとできそうです。
キャップをつけるねじ形状はどう作成しますか？　まだ使ったことがないフィーチャに、適当なものがあるかもしれません。

2. Fusionを習得したら何を作成するか
DIYが好きな方であれば、木材で家具を作成したりもするでしょう。そんなとき、3DCADで設計すると便利です。たとえば、本棚を作成するとしたら、どんなスケッチを描き、どのフィーチャを使いますか？

Day 6 ボディ&コンポーネント

6日目は、ボディとコンポーネントについて学んでいきます。下記が本日の作業の流れです。

▶ 6-1 ボディの理解と作成
▶ 6-2 コンポーネント化

6-1 ボディを理解して作成しよう

ボディは、フィーチャ作成でできあがる3D形状のことです。1つのドキュメント内に複数のボディを作成できるので、複数の部品で構成されるものを作成する場合は、ボディを分けるのが一般的です。Day4で作成したドキュメントでボディを確認してみましょう。

▶ 結合

 sankakuドキュメントを開き、ブラウザでボディの内容を確認します。24個のボディがありますね。ブラウザ内のアイコンが白い円柱になっていますが、これはソリッドのボディであることを表しています。ボディ1をクリックすると、キャンバス上のボディの三角形が1つ、青くハイライトされます。つまり、24個の三角形(ボディ)が重なって、歯車のような形ができているのです。

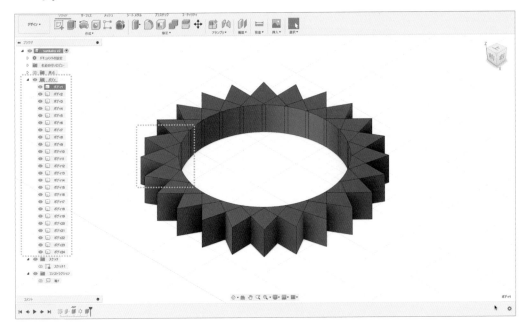

2　これを1つのボディにするために、[修正] > [結合]をクリックし、❶「ターゲット ボディ」でボディ 1を、「ツール ボディ」で残りのボディ 2～24を選択し、[OK]をクリックします（❷ブラウザ内でボディ 2を選択した後、❸シフトキーを押しながらボディ 24を選択すると、残りのボディすべてを選択できます）。

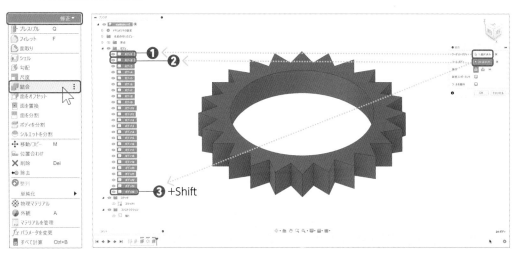

3　ブラウザを確認すると、24個あったボディが結合されて、ボディ 1だけになったことがわかります。

☑ サーフェス ボディ

これまで、ソリッドと呼ばれる中身が詰まったボディを作成してきました。ボディには、ソリッド ボディのほかにサーフェス ボディがあり、右図のようにオレンジ色のアイコンで表示されます。サーフェス ボディの使い道の1つに、ソリッド ボディの分割があります。
結合したボディ 1を上下に分割するサーフェスを作成してみましょう。サーフェスもソリッドと同じように、スケッチから始めます。

▷》 スケッチ

1　[構築] > [中立面]をクリックして、❶❷上下の真ん中に平面を作成します。

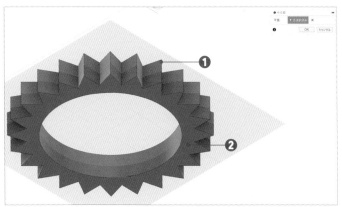

2 平らにスライスするのは面白味がないので、ギザギザにスライスしようと思います。中立面（平面1）に、下図のスケッチを描きます。

スケッチ要素
- 軸1をプロジェクト、軸1を中心とした円
- 円を6分割（60度）するためのコンストラクション線
- コンストラクション線と円の交点を繋いだ水平線
- 水平線がボディの外側になる円の直径寸法

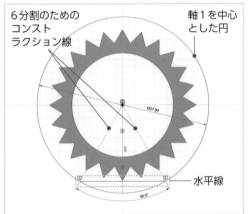

6分割のための
コンストラクション線

軸1を中心とした円

水平線

3 [構築] > [傾斜平面] をクリックして、このスケッチで描いた水平線を通る垂直（90度）な平面を作成します。

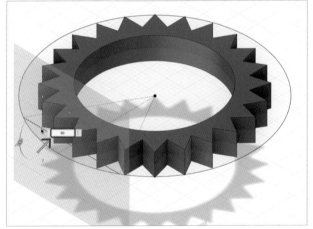

4 傾斜平面に下図のようなスケッチを描きましょう。

スケッチ要素
- スケッチ2の水平線をプロジェクトしたコンストラクション線
- 端点と中点からの垂直なコンストラクション線（寸法0.5mm）
- への字の線

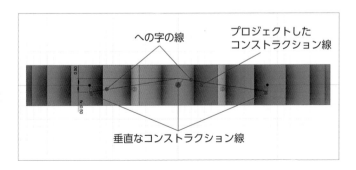

への字の線

プロジェクトした
コンストラクション線

垂直なコンストラクション線

ロフトサーフェス

1 ツールタブを[サーフェス]に切り替え、[作成]>[ロフト]をクリックします。スケッチ2を表示させ、プロファイルで❶への字の線（2本）と❷軸をプロジェクトした中心点を選択して、ロフトサーフェスを作成します。

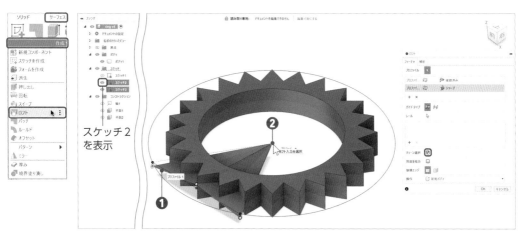

スケッチ2
を表示

2 サーフェス ボディができました。サーフェスには厚みがありませんが、表と裏は存在します。視点を変えて下側から見ると、サーフェスの色が異なり、裏面は黄色っぽい色になっていることがわかります。

サーフェス裏面

Column　**ソリッドとサーフェス**

ソリッドモデリングという手法で作成される立体を、ソリッド（モデル）と呼びます。これは3DCADで物体を立体として描写する一般的な手法で、物体の内部と外部を完全に表現し、中身が詰まった3次元体として定義されます。ソリッドは、後述のサーフェスが持つ情報をすべて含んでいます。また、

物体の質量、重心、慣性モーメントといった物理的特性を正確に計算でき、製品の設計、解析、製造に対して詳細な情報を提供できます。左図はソリッドのプロパティ情報です。

サーフェスモデリングという手法で作成される立体を、サーフェス（モデル）と呼びます。これは物体の外観だけを表現する手法で、厚みがない面で描写されます。サーフェスは複雑な曲面形状のデザインに使われることが多く、連続した面で定義されます。製品の外観をデザインしたり、CG画像を生成するために用いられます。右図はサーフェスのプロパティ情報です。サーフェスは厚みがないので、質量や体積、慣性モーメントが0になっています。

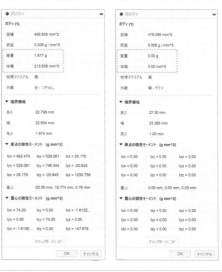

▶ パターン

作成したサーフェス ボディを、[作成] > [パターン] > [円形状パターン]
をクリックして円形状に6つ配置します。❶オブジェクトでボディ25を、
❷軸で軸1を選択します。数量は「6」にします。ブラウザに6つのサーフェ
ス ボディができるはずです。

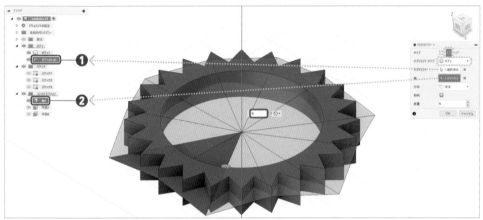

▶ ステッチ

[修正] > [ステッチ]をクリックして、❶❷ブラウザから6つのサーフェス ボディを選択し、1つに繋
ぎ合わせます。

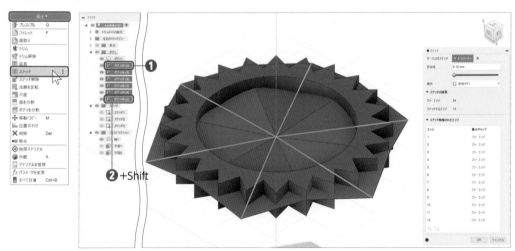

▶ 分割

1. ツールタブを[ソリッド]に戻します。リングを上下
に分割するために、[修正] > [ボディを分割]をク
リックします。

2 ❶分割するボディでボディ1(ソリッド)を、❷分割ツールでボディ31(サーフェス)を選択し、[OK]をクリックします。ソリッドボディが2つに分割されたことを、ブラウザで確認してください。

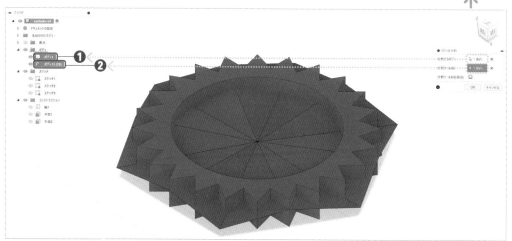

3 続いて、すべてのエッジにフィレットをつけます。分割したボディ1だけを表示させ、[修正]>[フィレット]をクリックします。
エッジを1つずつ選択するのは大変なので、[選択]>[ウィンドウ選択]をクリックして、すべてのエッジが入るように❶右上から❷左下にカーソルをドラッグします。

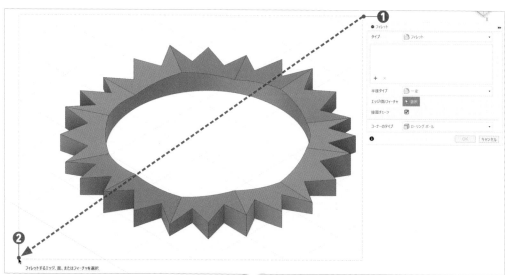

4 62個の面と、169個のエッジが選択されるので、寸法に「0.2」と入力します。

5 同様に、ボディ32にもフィレットを追加します。

6 最後に色を変えてみましょう。[修正]＞[外観]をクリックし、外観パネルの「メタル」で金と銀を見つけます。

- 「金 - つや出し」をボディ1にドラッグ＆ドロップ
- 「銀 - つや出し」をボディ32にドラッグ＆ドロップ

これでリングの作成は終了です。このドキュメントは後ほど使うので、一旦保存して開いたままにしておきます。

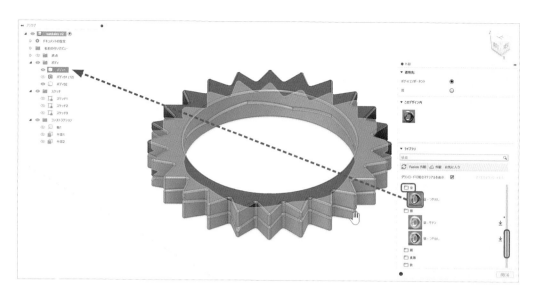

☑ メッシュ ボディ

ソリッド、サーフェスの次は、メッシュ ボディです。これは特殊なボディで、メッシュデータをインポートした際に現れます。

1 Thingiverse (https://www.thingiverse.com) という、3Dプリント用の3Dデータを公開している世界的に有名なWebサイトがあります。ユーザーがFusionなどの3DCADや、CGソフトウェアで作成したデザインをSTL形式でダウンロードできます（中には有償のものもあります）。残念ながら日本語化はされていませんが、英単語を組み合わせて検索すると気に入ったデザインが見つかります。

今回はリングを引っ掛けるリングホルダーを探してみました。

検索ワード：ring holder

https://www.thingiverse.com/thing:6054448

メールアドレスの入力とパスワード設定で、ユーザー登録してください。[Download all files] をクリックして、Zip形式のデータをダウンロードし、解凍します。

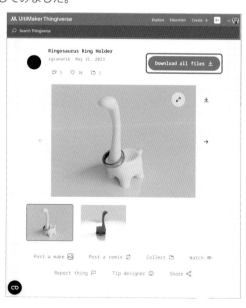

STL形式

3DCADやCGソフトウェアで作成した3Dモデルを3Dプリントする際、スライサーと呼ばれるソフトウェアを使って、3Dプリンタを動かすプログラムを生成します。スライサーがインポートする3Dファイル形式がSTLで、三角形のポリゴンメッシュで立体が定義されています。

Fusionでは[ユーティリティ]>[メイク]>[3Dプリント]をクリックしてSTLをエクスポートできます。

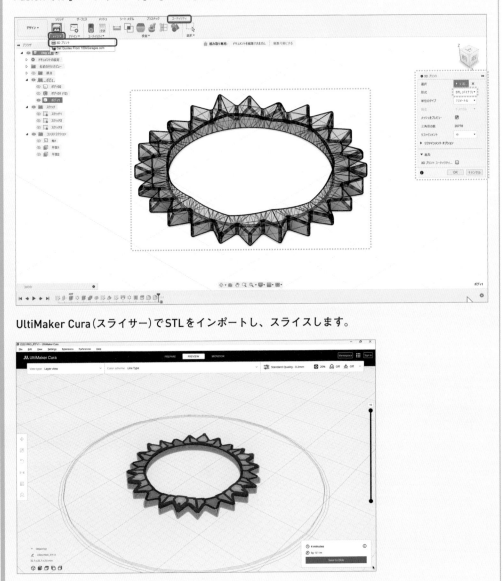

UltiMaker Cura（スライサー）でSTLをインポートし、スライスします。

2 新規デザインを開始して、[挿入]>[メッシュを挿入]をクリックします。

3 挿入するファイルを指定するウィンドウが現れるので、[マイ コンピュータから選択] をクリックし、ダウンロードした「ringosaurus.stl」を選択します。

4 Fusionのキャンバスにメッシュが現れます。ブラウザを確認すると、新たにボディが追加されていることがわかります。

5 メッシュを挿入パネルの単位のタイプは「メートル」にし、[中心] >[地面に移動] をクリックして、原点付近にメッシュを配置します。

6 「ring holder」という名前でDefault Projectに保存します。

Column **メッシュ**

メッシュとは、ほとんどの場合ポリゴンメッシュのことを指します。ポリゴンと呼ばれる多角形（三角形または四角形）を組み合わせて表現した3Dモデルデータのことで、頂点、2頂点を結ぶ辺、3辺または4辺で構成される面で定義されます。

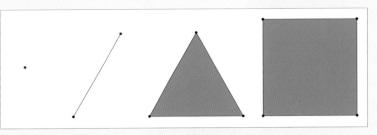

3DCADではソリッドやサーフェスでモデリングしますが、CGソフトウェアでは、3Dモデルをポリゴンメッシュでモデリングするのが一般的です。

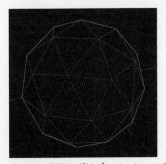

球体を三角形のポリゴンメッシュで表現した例

6-2 コンポーネント化しよう

3DCADでは、ソリッドボディの体積を求めることができ、材質（比重）を指定すれば重量を求めることもできます。ただし、材質はボディの上位概念であるコンポーネントごとにしか指定できません。先ほどは外観（色）を変更しましたが、材質は変更されていません。リングの材質を（金と銀に）変えたい場合、それぞれのボディをコンポーネント化することで、異なる材質を指定できます。

☑ 物理マテリアル

1 sankakuドキュメントを開きます。ボディの材質と重量を確認するには、ブラウザの[ボディ1]を右クリックして、[プロパティ]をクリックします。

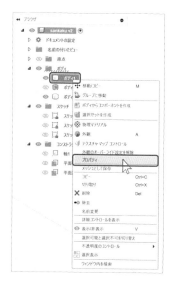

2 プロパティパネルを確認すると、物理マテリアルが初期値の「鋼」になっているのがわかります。鋼の密度（0.008g/mm^3）により、質量が計算されています。

体積 × 密度 = 質量
213.638mm^3 × 0.008（0.00785）g/mm^3 = 1.677g

質量で、どれくらい材料が必要なのかがわかります。同一コンポーネントに存在するボディには同じ材質（物理マテリアル）が指定されるので、コンポーネントを分けて材質を変えていきましょう。

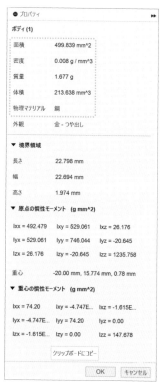

☑ コンポーネント化

1 ブラウザのボディフォルダを右クリックして[ボディからコンポーネントを作成]をクリックします。

2 sankakuドキュメントのアイコンが、複数のコンポーネントが組み合わさったアイコンに変わります。また、コンポーネント1、2、3が作成され、それぞれにボディが1つずつ格納されます。

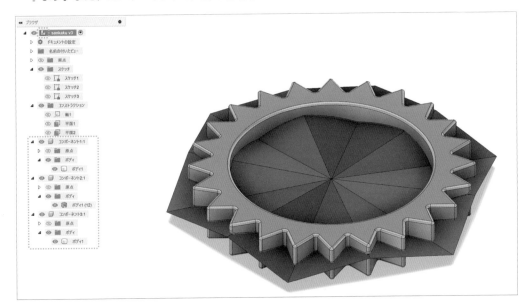

3 これでコンポーネントが分かれたので、それぞれの物理マテリアルを設定します。[コンポーネント1]を右クリックして、[物理マテリアル]をクリックします。

4 物理マテリアルパネルの「メタル」から「ゴールド」を見つけ、ブラウザのコンポーネント1にド
ラッグ＆ドロップします。

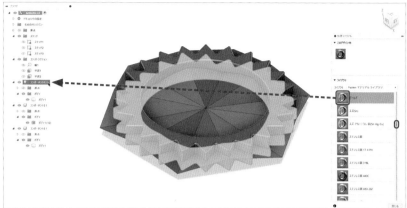

5 コンポーネント1のプロパティを確認してみましょう。マテリ
アル名が「ゴールド」に設定されていますね。ゴールドの密度
0.019g/mm^3により、質量（Mass）は4.123gとなっています。

6 同様に、コンポーネント3の物理マテリアルを「銀」に設定しま
す。Massが2.16gになっているはずです。
コンポーネント2は、分割のために使ったサーフェス ボディな
ので、非表示にしておきます。このように、材質が異なる部品
を組み合わせる場合は、コンポーネントを使います。

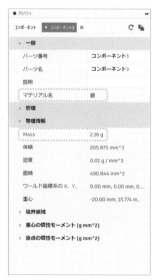

101

7 これでsankakuドキュメントは
完成したので、保存しましょう。
データ パネルの[sankaku]を右
クリックし、[名前変更]をクリッ
クして、ドキュメントの名前を
「ring」に変更しておきましょう。

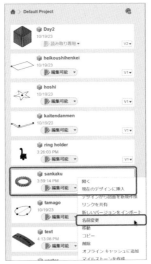
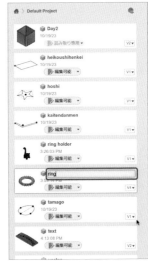

ここまでで、新規デザインを開始し、その中でボディを複数作成して、各ボディをコンポーネント化
してきました。次は、別々のドキュメント(コンポーネント)を組み合わせる方法を学んでいきます。

☑ デザインを挿入

1 ここからは、3つのコンポーネントから構成されているringと、1つ
のメッシュ ボディを持つコンポーネントのring holderのドキュメン
トを組み合わせてみましょう。

2 新規デザインを開始し、データ パネルの[ring holder]を右ク
リックして、[現在のデザインに挿入]をクリックします。

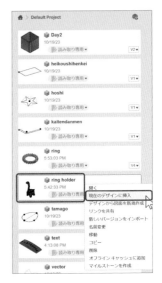

3 キャンバス内に ring holder が現れます。マニピュレータで位置を変更できますが、ここでは移動せず、そのまま[OK]をクリックします。

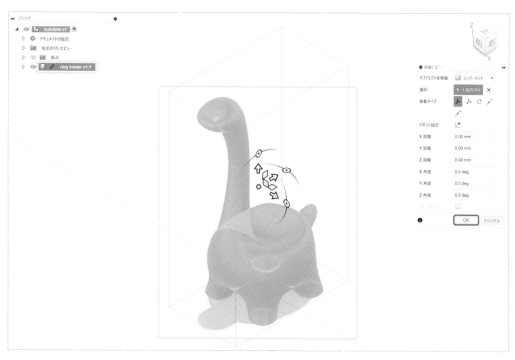

4 ring も同様に挿入して、ブラウザを確認しましょう。ring holder と ring が追加されていますね。横のくさりのアイコンは、別のドキュメントが挿入されていることを表しています。また、タイムラインには、コンポーネントの挿入が2つ並んでいます。このように、複数のドキュメントを組み合わせることもできます。

5 続いて、[修正]>[移動／コピー]をクリックします。「移動／コピー」パネルで「オブジェクトを移動」を「コンポーネント」にし、ブラウザからringを選択します。

恐竜の首の根本にリングを掛けたいので、ビューキューブで視点を右や上に変えながら、マニピュレータで適切な位置に移動させます。「キャプチャ位置」にチェックが入っていることを確認し、[OK]をクリックします（ナビゲーションバーの「グリッドとスナップ」から「ステップ移動」のチェックを外すと、細かい移動も可能です）。

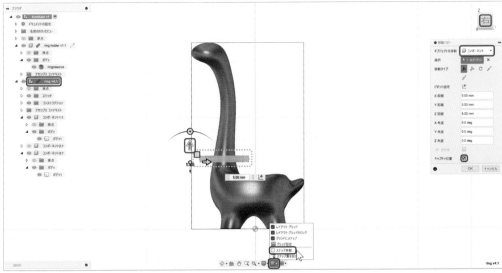

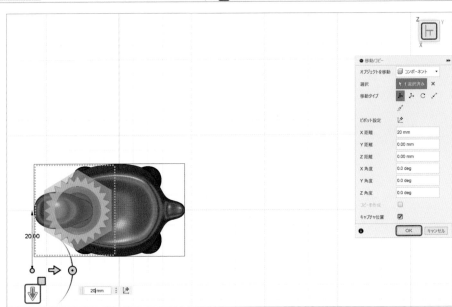

6 これで完成です。「kumitate」という
名前でDefault Projectに保存してド
キュメントを閉じます。本日の作業は
これで終了です。Fusionを閉じましょ
う。

いかがでしたか？　ボディとコンポーネントについて、理解できたでしょうか？　Day7では、図面に
ついて学んでいきます。本日もお疲れ様でした！

まとめと課外授業

本日は、ボディとコンポーネントについて学び、いろ
いろな作業を行いましたね。下記に簡単にまとめます。

ボディ
- 複数のソリッドを1つのボディに結合
- サーフェスを作成し、パターンで増やして結合
- サーフェスでソリッドを2つに分割
- STLをインポートしてメッシュ ボディを作成

コンポーネント
- ボディからコンポーネントを作成
- 1つのドキュメント内に複数のコンポーネントを
  作成
- コンポーネントに物理マテリアルを設定し、質量を確認
- 新規ドキュメントに既存ドキュメントをコンポーネントとして挿入
- 複数のドキュメントで構成されるデザインを作成

まだ触り足りない方は、kumitateドキュメントに、今まで作成したドキュメントを挿入してみま
しょう。

Day 7 図面

7日目は図面を作成します。下記が本日の作業の流れです。

▶ 7-1 新規図面作成
▶ 7-2 図面の仕上げ
▶ 7-3 図面の印刷

設計者は、自分のデザインを第三者に製作してもらうために図面で情報を伝えます。図面には、製作に必要な形状、寸法、材質などの情報が記載されており、読み手が理解できるよう、ルールに則った書き方になっている必要があります。

Day1「1-4　基本の設定をしよう」で製図規格 (ISO) と投影角度 (第三角法) を変更しましたが、これは日本で一般的な JIS に Fusion の設定を合わせるためです。

7-1 新規で図面を作成しよう

それでは早速、図面を作成していきましょう。といっても、すでに 3D モデルがあるので、ビューを決めて配置していくだけです。

☑ ベース ビュー作成

まずはベース ビューを作成しましょう。ベース ビューとは、名前の通りベース (もと) になるビュー (矢視図) です。ベース ビューをもとに投影ビュー、断面図などを生成できます。

1 Day5 で作成した kaitendanmen ドキュメントを開きます。作業スペースの [図面] > [デザインから] をクリックします。

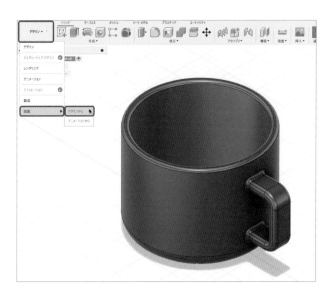

2 図面を作成パネルで、「シート サイズ」を「A3 (420 mm x 297 mm)」に
設定します。

3 ツールバーと作業スペース、タイムラインが図面に切り替わり、ベース ビューコマンドが自動的
に実行されます。キャンバスは平面になっており、図面枠が表示されます。

4 図面ビューパネルで、「方向」を「上」、「尺度」を「1:1」に変更し、カーソルを図面枠内に移動する
とカップのベース ビューが現れるので、適当な位置でクリックして配置し、[OK]をクリックし
ます。上から見た平面図ができました。

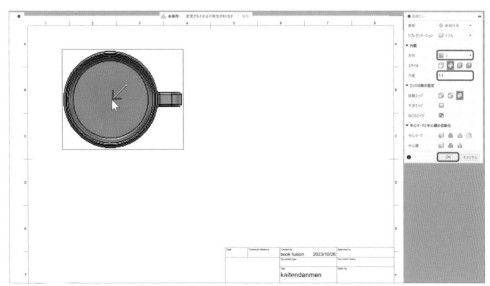

5 一般的に、図面は正投影（平面、正面、側面など）で表現します。形状を認識しやすいように、等角図と呼ばれる斜め上からのビューを追加することもあります。

等角図を作成するために、ベース ビューをもう1つ配置してみましょう。なるべくわかりやすいビューにするため、「方向」「スタイル」「接線エッジ」を下図のように設定し、図面の右下にベースビューを配置します。

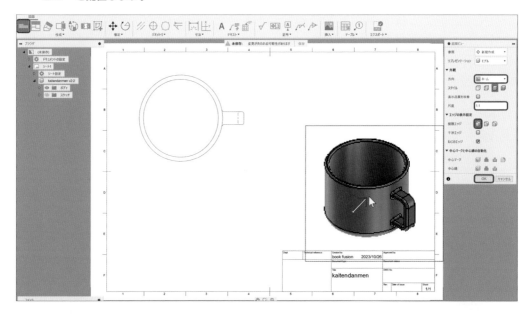

Column **有償マーク**

このマークがついているコマンドは、有償のサブスクリプションが必要なことを表しています。図面の最下部には図面のシートが表示されますが、無償の個人用では1シートしか作成できません。複数のシートを作成したい場合は、別ドキュメントを作成するか、有償のサブスクリプションに加入する必要があります。

☑ **投影ビュー**

1 続いて、投影ビューを作成していきます。[作成] > [投影ビュー]をクリックします。

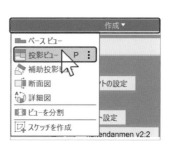

2 もととなる親ビュー（先ほど配置した平面図）をクリックします。

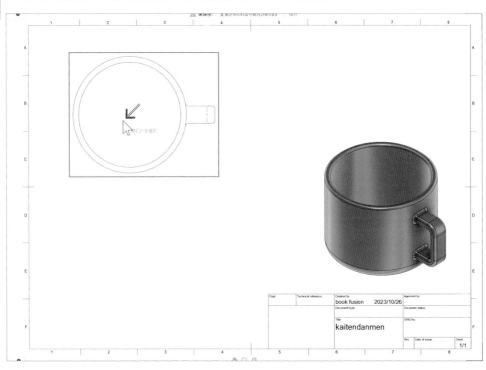

3 親ビューに対するカーソルの位置で、投影ビューの方向が切り替わります。❶平面図の下にカーソルを動かしてクリックすると下から見た投影ビュー（正面図）が、❷右に動かしてクリックすると右から見たビュー（右側面図）が作成されます。❸カーソル右上のチェックマークを選択（またはエンターキー）で終了すると、親ビューの尺度、スタイル、接線エッジなどを継承した投影ビューが作成されます。

☑ 断面図

次は断面図です。断面図とは、物体を任意の平面でカットし、カットされた断面を表示するビューです。カットされた部分には、ハッチング（斜線）が描かれます。正面図を削除して、親ビューを水平にカットした断面図を作成してみましょう。

1 正面図をクリックすると青い枠線が現れるので、その状態（ビューが選択された状態）で右クリックし[削除]をクリックします。

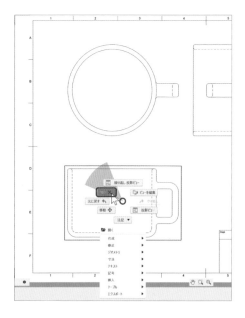

2 [作成] > [断面図]をクリックして、親ビューで平面図を選択します。

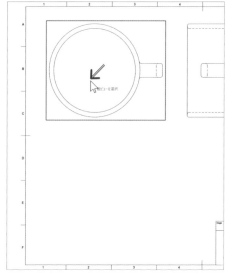

3 親ビューを、円の中心を通る水平線でカットするために、始点と終点を指示します。カーソルを円の中心付近に持っていくとスナップされ、＋マークが表示されます。そこからゆっくりと水平の左方向にカーソルを動かすと、緑の破線が出るので、円の外側まで移動させてクリックし、始点を決めます。

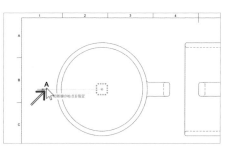

4 同様に、カーソルを水平の右方向に移動させて持ち手部分の外側でクリックし、終点を決めたら、カーソル右上に表示されるチェックマークをクリックします。

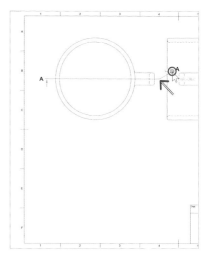

5 切断線が決まったので、カーソルを親ビューの下側に移動させ、断面図を配置します。

6 [OK]をクリックして終了します。これで、ハッチングが入った断面図が作成されました。

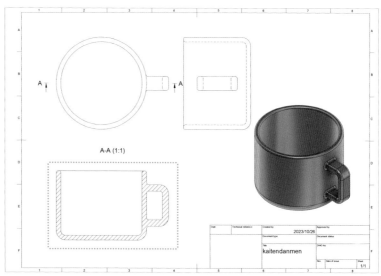

図面を仕上げよう

図面には、形状を表す線のほかに、様々な線やテキストで詳細な情報を入力します。

☑ 中心マーク、中心線

1 ビューが揃ったので、補助線や寸法などを追加していきましょう。[ジオメトリ] > [中心マーク]をクリックして、ベース ビューの円をクリックします。

円の中心を通る水平、垂直な線が描かれました。この図面には、すでに3種類の線種が使われています。外形線は実線、隠れている部分は破線、中心を示す線は一点鎖線です。これらの表記方法はJISで取り決められており、設定に従って自動的に描かれています。

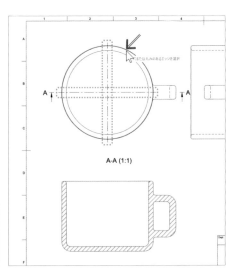

2 次に、[ジオメトリ] > [中心線]をクリックし、❶左端と❷右端の線をクリックして、断面図の中心に線を描きます。❸❹右側面図にも同様に中心線を描きます。

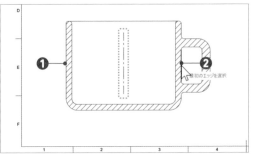

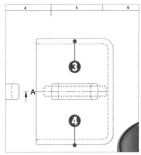

3 中心線コマンドを終了するために、エスケープキーを押します（Day3「コマンドの終了」コラム参照）。中心線をクリックすると端部に矢印が現れるので、ドラッグして線の長さを調整します。

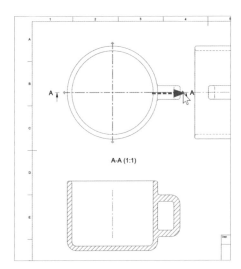

☑ 寸法

1 次は寸法を入れていくので、[寸法] > [寸法]をクリックします。寸法コマンドは、選択した要素に応じて振る舞いが変わります。

2 円の直径は❶円をクリックすると現れるので、❷配置したい場所で再度クリックします。円弧の半径も同様です。

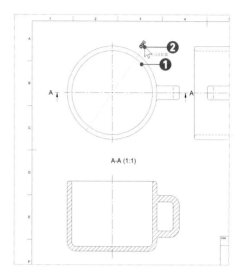

3 2本の線の間の距離は、❶❷2本の線をクリックすると現れるので、❸配置したい場所で再度クリックします。下図のように、すべての寸法を追加してみましょう。

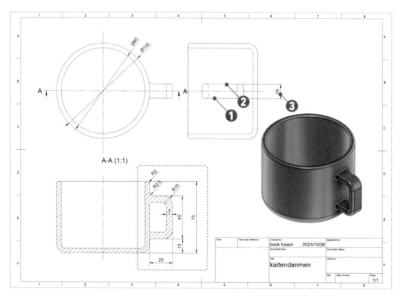

☑ 注記

1 続いて注記を作成します。注記では、線や寸法で表現できないことをテキストで補足します。[テキスト] > [テキスト]をクリックしましょう。

2 テキストを配置する場所を、❶❷二点をクリックして四角形で指定します。

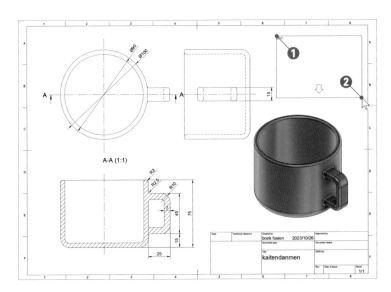

3 テキストパネルで [下線] を選択して、テキストを入力し [閉じる] をクリックします。

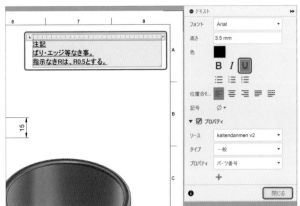

☑ 表題欄

1 最後に表題欄を仕上げます。表題欄は右下に自動的に表示されているので、タイトルや図面番号などを入力していきます。表題欄の線をダブルクリックすると、表題欄が拡大し、青い文字列が表示されます。

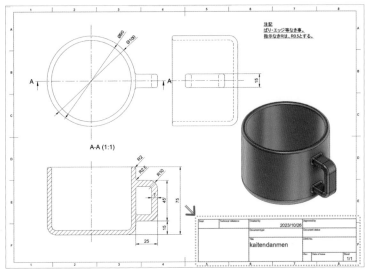

2 文字列をクリックして、テキストを入力します。[プロパティを終了]をクリックすると、元の画面に戻ります。

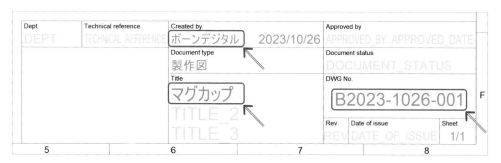

3 正式な図面には、公差表や改訂欄なども必要ですが、ここでは省略します。これで図面が完成したので、保存しておきましょう。

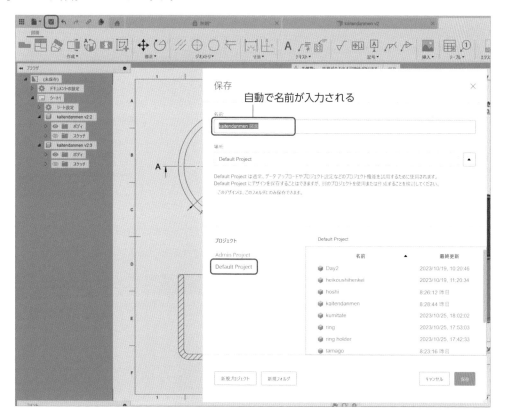

Column **JIS B 0001 機械製図**

JISでは、図面についても明確に規定されており、正しく図面を作成することで、読み手のミスや誤解を最小限に抑えることができます。
規格について、日本規格協会からは書籍が刊行されていたり、日本産業標準調査会のWebサイト（https://www.jisc.go.jp/index.html）では、利用者登録することでPDFを閲覧できます。興味がある方はぜひ確認してみてください。

7-3 図面を印刷しよう

1 図面が完成したので、印刷をしてみましょう。[ファイル]＞[印刷]を
クリックします。

2 印刷パネルで、プリンタ名、用紙サイズ、方向、
尺度を設定し、[印刷]をクリックします。

3 実際に印刷してみました。最近は、紙ではなくデータ（PDF形式）でやり取りするのが一般的です。

※Fusionの図面をPDFで書き出したい場合は、有償のサブスクリプションに加入する必要があります。

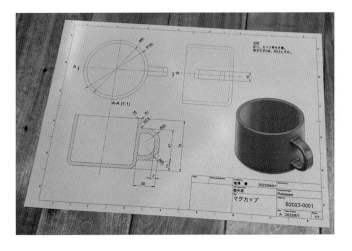

いかがでしたか？　冒頭にも書きましたが、図面は設計者が考えた内容を第三者に製作してもらう際
に、読み手に正確な情報を伝える非常に重要な役割を担います。最近は、図面の代わりに3Dデータで
製作を依頼するケースも出てきていますが、まだまだ主流ではないので、図面の書き方を理解してお
くと便利です。本日もお疲れ様でした！

本日は、図面に3Dモデルを特定の方向から見たビューを配置し、中心線や寸法、注記、表題欄などを記入して、最後は紙に印刷しました。繰り返し作業することで、理解も深まり、操作も身につきます。もし余裕があれば、ほかのドキュメントの図面も作成してみましょう。

❶ hoshi

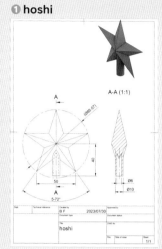

❷ ring

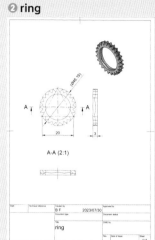

❸ ring holder

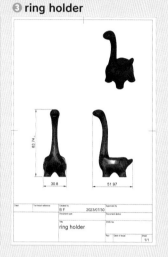

自分で学習する

Day7までで、基本操作の学習は終了です。お疲れ様でした！　まだ説明していない機能は多くありますが、機能をすべて覚えても、どんなときに使うのかがわからないと宝の持ち腐れになってしまいます。学習したことはなるべく早く実践する方が身につくので、必要になったときに、その都度学んでいくことが大切です。そこで8日目は、「自分で学ぶ方法」について紹介していきます。下記が本日の作業の流れです。

▶ 8-1 様々な学習方法
▶ 8-2 他者が作成したモデルから学ぶ
▶ 8-3 エラーを解決する

8-1 様々な学習方法を知ろう

皆さんは、Fusionで様々なフィーチャを使って3Dボディを作成し、コンポーネント化し、図面を描けるようになりました。なんでも作成できるようになるにはまだ学習が必要ですが、簡単なものであれば作成できる状態になっているはずです。しかし、忘れてしまったり知らないことが出てきたりすることもあります。ここでは、そんなときに調べる方法を紹介します。

☑ ヘルプバー

まずは、Fusion内のヘルプからわからないことを調べる方法です。本書の執筆時点ではリンクが切れていたりうまく表示されない項目もありますが、Fusionは頻繁にアップデートされており、皆さんが本書を手に取ったときには修正されているかもしれないので、少し掘り下げてみます。

1 たとえば、ねじ形状を作成したいとします。右上の？アイコンをクリックすると、プルダウンメニューが現れるので、1行目のヘルプバーに「ねじ」と入力してエンターキーを押すと、Webブラウザが開きます。オンラインヘルプでねじに関する情報が表示されるので、検索結果から気になる項目を選択しましょう。

2 ねじ形状は、穴フィーチャとねじ
フィーチャで作成できることがわ
かりました。

3 Fusionに戻って調べてみます。[作成]の中に、「穴」と「ねじ」を見つけました。

4 [穴]をクリックすると、穴パネルが表示されます。パネルを見
ることで、ねじ穴を作成するためにどのような情報が必要なの
かわかります。面またはスケッチ点を選択し、「ねじ穴のタイプ」
でねじの有無を指定するようです。確認できたら、[キャンセル]
をクリックしてパネルを閉じます。

5 同様に[ねじ]をクリックすると、面を指定することでサイズは
自動で決まりそうなことがわかります。このようにして、新た
なフィーチャを見つけることもできます。

☑ フォーラム

次に覚えたいのが、フォーラムの活用です。

1 ［？］＞［コミュニティ］＞［フォーラム］の順にクリックします。

2 Webブラウザが開き、Fusionのフォーラムのページが表示されます。ねじについて、フォーラムでも確認してみましょう。検索バーに「ねじ」と入力し、虫眼鏡アイコンをクリックします。ねじに関する投稿が1,757件も表示されました（2024年2月現在）。

3 スクロールして見ていくと、スマホホルダーを設計している方がいたので、投稿を確認してみます。この投稿は、ねじ形状の作成方法を聞いているのではなく、「このような機構のスマホスタンドの作成の相談に乗ってほしい」という内容です。

4 この投稿には17件の回答があり、その中の1つを見てみると、動画つきでとてもわかりやすいです。さらにFusionデータ (f3d) まで添付されているので、ダウンロードして確認することもできます（他者が作成したデータを読み解くスキルが必要ですが）。

Fusionはコミュニティで助け合うことが推奨されており、解決済みの投稿も多いので、何かわからないことがあればフォーラムに投稿してみるのもいいでしょう。

 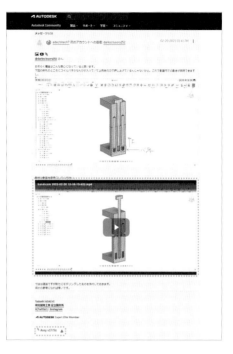

Column **f3d、f3z ファイル**

Day1「1-2　ソフトウェアをインストールしよう」で、Fusionは作成したデータをクラウドに格納すると説明しましたが、自分のコンピュータに書き出すことも可能です。ここではその方法を紹介します。

ファイルのエクスポート
[ファイル] > [エクスポート] をクリックし場所を指定して、クラウドからローカルコンピュータにデータを書き出すことができます。単一ドキュメントで完結している場合は「.f3d」という拡張子で、複数のドキュメントで構成されている (デザインが挿入されている) 場合は「.f3z」という拡張子で書き出すことができます。

ファイルを開く

書き出されたファイルは、［ファイル］＞［開く］＞［マイ コンピュータから開く］で開くことができます。.f3dはそのまま開きますが、.f3zを開く際は一旦クラウドにデータがアップロードされてから開くので、どこに保存されるか確認しておきましょう。

.f3dと.f3zは共にFusionの正式なデータなので、3Dモデルや手順などすべての情報を保持しています。誰かから.f3dデータを入手したら、Day8で説明する方法で手順を確認してみましょう。

☑ その他

インターネット上にはあらゆる情報が存在しています。わからないことがあったら検索するのは日常的に行っていると思いますが、「Autodesk Fusion」で検索すると、ブログや動画など山のように情報が出てきます。SNSにもアカウントやコミュニティがあるかもしれないので、検索してみてください。その中でも筆者がおすすめしたいのは、AutodeskのYouTubeチャンネル「Fusion 360 Japan（https://www.youtube.com/c/Fusion360Japan）」です。300を超える動画が公開されており、ビギナー向け、機能別、テクニック集、ユーザー事例など種類も豊富です。

英語が得意な方は、1,500本以上の動画が公開されているAutodesk米国本社のYouTubeチャンネル「Autodesk Fusion（https://www.youtube.com/channel/UCiMwMz3RMbW5mbx0iDcRQ2g）」も確認してみてください。

Fusion 360 Japan

Autodesk Fusion

8-2 他者が作成したモデルから学ぼう

今までは、手順に従って作成していただきました。実際に自分でデザインする際は手順も自分で考える必要がありますが、できそうでしょうか？

☑ サンプルモデルの確認

Day1「1-5　ヘルプ、サンプルを確認しよう」で、カッターナイフのサンプルモデルを確認したのを覚えていますか？　他者が作成したデザインの手順を振り返ることもかなり勉強になるので、確認してみましょう。

1 データパネルで家のアイコンをクリックし、プロジェクトリストに戻ります。

2 Design Samples プロジェクトの[Utility Knife]をダブルクリックします。

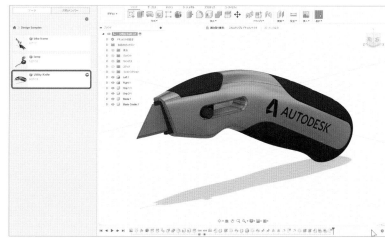

3 まずはブラウザを確認します。原点以外の白三角をすべて展開し、目のアイコンをクリックして内容を表示します。この3Dモデルを作成するためのスケッチや作業平面などが、すべて表示されました。ジョイント、キャンバス、デカールなど見たことのない項目もいくつかありますね。全体を確認できるよう、ナビゲーションバーの[フィット]をクリックしておきましょう。

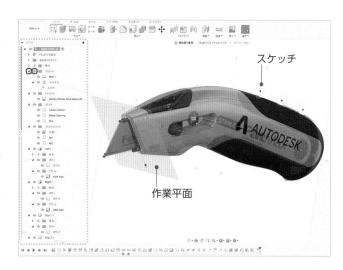

スケッチ

作業平面

4 次にタイムラインを確認します。約40個のアイコン（手順）が並んでいます。ここまで作成した3Dモデルで最も手順を要したのは、ringの19個だったので、2倍の手順でこの3Dモデルができあがっていることがわかります。再生ボタンをクリックし、手順を再生してみましょう。
これで全体像がなんとなくわかったでしょうか。次からは個々の手順を確認していきます。

☑ 知らないコマンドの確認

コマンドには、本書で説明していないものも多くあります。サンプルモデルにもいくつか存在するので確認していきましょう。

▶ 知らないコマンド（アイコン）を調べる #1 キャンバス

1 タイムラインの1番目のアイコンをクリックすると、ブラウザのキャンバスフォルダの「stanley-fatmax-fixed-blade-utility-knife」がハイライトされ、キャンバス上も青くなります。

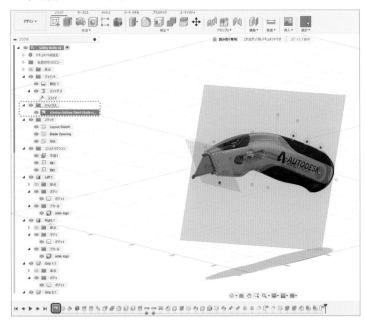

2 1番目のアイコンは、ツールバーの[挿入] > [キャンバス]と同じです。[キャンバス]にカーソルを合わせるとツールチップ（補足説明）が現れるので、概要を理解できると思います。

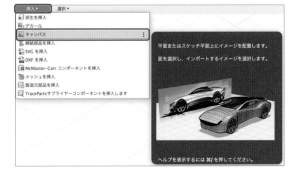

3 タイムラインの1番目のアイコンを右クリックして、[フィーチャ編集]をクリックするとフィーチャ編集パネルが現れ、選択された平面にイメージが張りつけられていることがわかります。このようにすれば、まだ学んでいないコマンドでも理解することができます。

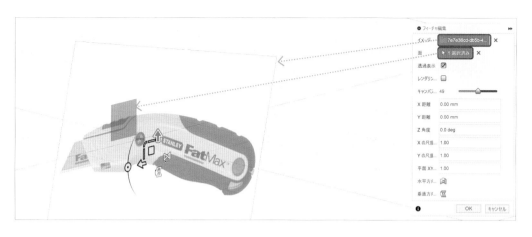

知らないコマンド(アイコン)を調べる #2 フォーム

1 紫のアイコンはなんでしょうか? アイコンを右クリックして [編集] をクリックすると、ツールバーが切り替わります。

2 これは「フォーム」という有機的なモデリングを行う環境です。理解と習得にかなり時間がかかる機能なので本書では割愛します。詳しく知りたい方は、YouTube動画の「LIVE フォームモデリングの絶対知っておきたい操作 (https://www.youtube.com/watch?v=EPI6TyU39uY)」がおすすめです。

知らないコマンド（アイコン）を調べる #3 ジョイント、位置、固定

1 続いてヒンジのようなアイコンをクリックすると、キャンバス中央のアイコンと、ブラウザのジョイントフォルダの「剛性 1」がハイライトされます。これはジョイントという、コンポーネント間の位置関係を定義するコマンドです。タイムラインのアイコンを右クリックして、[ジョイントを編集]をクリックします。

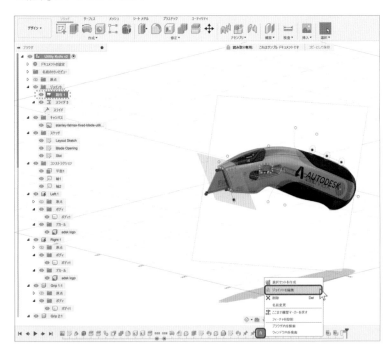

2 ジョイントを編集パネルが現れ、2つのコンポーネントが選択されていることがわかります。

3 選択されているコンポーネントを確認するには、[2 選択済み]をクリックします。すると選択されているコンポーネント以外がグレーアウトされ、同時にブラウザの選択されているコンポーネントに下線が表示されます。

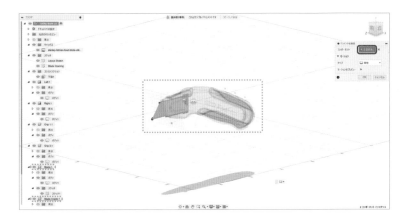

4 ジョイントにはいくつかのタイプがあります。[剛性]をクリックするとプルダウンメニューが表示され、ほかのジョイントタイプを確認できます。

5 新規でジョイントを作成する際は、[アセンブリ] > [ジョイント]をクリックします。

6 コンポーネントを動かす際に、ジョイントはとても役に立ちますが、習得する難易度はかなり高いです。現段階では、そういうものがあるということだけ覚えておいてください。もし必要になったら、YouTube動画の「【ビギナー向け4】アセンブリ（https://www.youtube.com/watch?v=0fUsOLQy5Nk)」を確認してみてください。

7 次に、ポジションという旗のようなアイコンを右クリックして、[編集]をクリックします。

8 ツールバーが「位置」に切り替わります。これは、移動したコンポーネントを編集するときに現れるツールです。青くハイライトされているコンポーネントが移動していることがわかります。

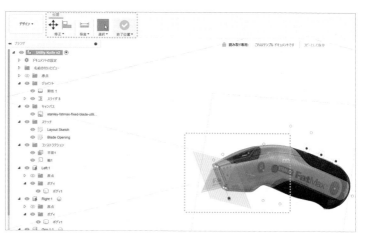

9 続いて、固定というピンのアイコンをクリックすると（右クリックしても編集コマンドが出てきません）、ブラウザの「Right:1」に下線が表示されます。このアイコンにもピンが見えます。これは、コンポーネントが固定されていることを表しています。

10 試しにブラウザの［Right:1］を右クリックしてみると、［固定解除］というコマンドが確認できます。

11 ジョイントが設定されているコンポーネントと、固定されているコンポーネントはドラッグしても動かすことができませんが、そのほかは動かすことができます。下図では、「Grip 1」「Grip 2」をドラッグして動かしてみました。ツールバーに位置コマンドが現れ、この位置をキャプチャ（記録）するか、元に戻すかを選択できます。

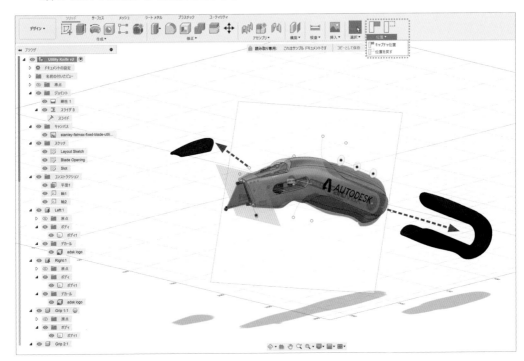

以上で、サンプルモデルの確認は終了です。サンプルファイルは上書き保存ができないので、変更を加えていて保存しておきたい場合は、名前をつけて保存しましょう。

8-3 エラーを解決しよう

モデリングしていくと、思いがけないエラーが発生することがあります。エラーが発生すると、タイムラインのアイコンの色が変わりFusionがその旨を教えてくれます。ここではエラーの例を見ながら、解決する方法を紹介します。

☑ モデリング＆編集

1 まずは、簡単なモデルを作成します（寸法は適当で大丈夫です）。

❶ XY平面に長方形をスケッチする
❷ ❶ を押し出す
❸ XZ平面にスケッチを作成し、直方体の正面を投影して、適当な値でオフセットする
❹ ❸ を押し出し、直方体に角穴を開ける
❺ 穴にフィレットを追加する

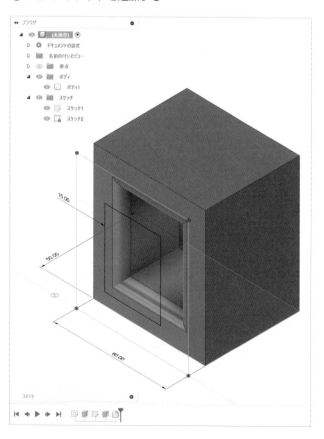

2 次に、あえてエラーが発生する編集を行います。スケッチ1を編集し、位置をずらして同じサイズの長方形を描き、元の長方形（線をダブルクリックすると、長方形全体が選択されて青くハイライトされます）を削除します。これによりエラーが発生するので、解決していきましょう。

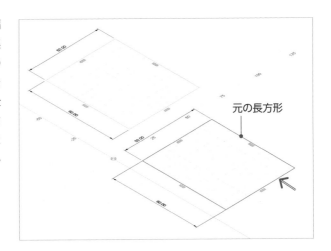

元の長方形

☑ フィーチャ（押し出し）のエラー

1 スケッチやフィーチャ編集によってタイムラインのアイコンが黄色くハイライトされた場合（下図の押し出し1）は、エラーが発生したことを意味しています。エラーを放置すると、思いがけない形状になることもあるので、解決する必要があります。
黄色くハイライトされた押し出し1のアイコンを右クリックして、［警告を確認］をクリックします。

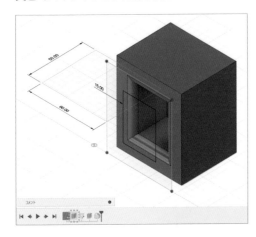

2 警告パネルが現れ、エラーの原因をわかる範囲で説明してくれます。今回は、「押し出しフィーチャのプロファイルがなくなった」と表示されています。

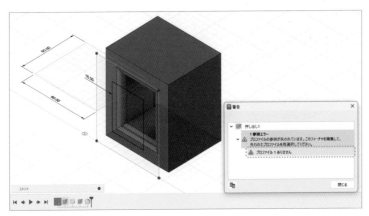

3 警告パネルを閉じて、押し出しフィーチャを編集すると、フィーチャ編集パレットに「プロファイルが見つからない」と表示されています。今回のエラーは、プロファイルで指定していたスケッチを削除してしまったことが原因のようです。この場合、新たにプロファイルを選択し直すことで、エラーを解決できます。

 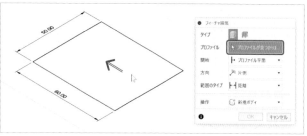

☑ スケッチのエラー

1 押し出し1のエラーを解決できましたが、新たなエラーが発生してスケッチ2が黄色くハイライトされました。[警告を確認]をクリックすると、「投影した面がない」と表示されています。また、スケッチの線がオレンジ色で表示されています（本来は投影された線なので紫色で表示されるはずですが、参照元(投影した面)がなくなったのでオレンジ色で表示されています）。原因がわかったので警告を閉じましょう。

 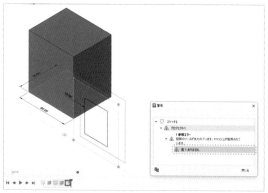

2 スケッチ2を右クリックし、[失われた投影を管理]をクリックします。スケッチ パレットの横に、失われた投影を管理パレットが現れるので、「他のジオメトリをフェード」にチェックを入れ、「面1」を再リンクして、再リンクする面を選択します。

 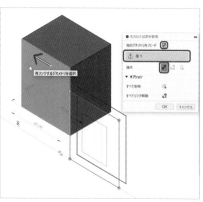

3 再リンクが完了し、投影線が紫色になってスケッチが更新されます。オフセットした線が取り残されているので、寸法を追加して位置を整えましょう。これでスケッチのエラーを解決できました。

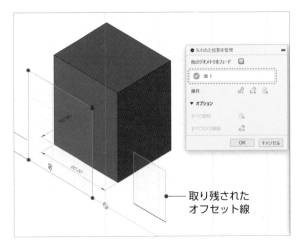
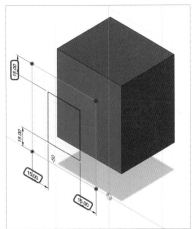

取り残された
オフセット線

☑ フィーチャ（フィレット）のエラー

1 フィレットにもエラーが発生して、アイコンが赤くハイライトされました。変更前の形状を維持できる場合は黄色に、形状を生成できない場合は赤色になります。
[警告を確認]をクリックすると、「フィレットをつけたエッジがないので、フィーチャ編集で失われたエッジを再選択する」と表示されています。

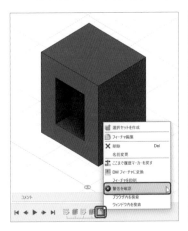
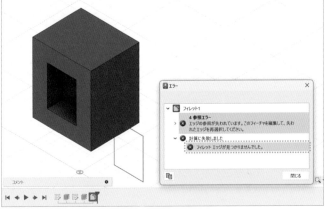

2 右クリックして[フィーチャ編集]をクリックし、エッジを再選択して寸法に「5」と入力します。

エッジを再選択

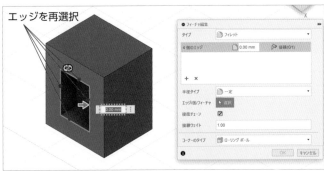

3 これですべてのエラーを解決できました。

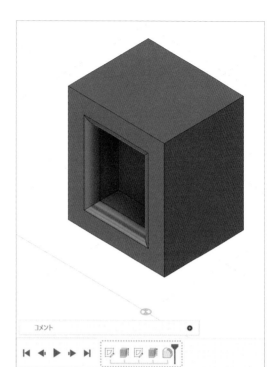

ほとんどのエラーは、スケッチやフィーチャ編集によって発生します。今回のように1つの変更で連鎖的にエラーが発生することが多く、エラーの原因はモデリング方法によって様々です。ここでは簡単な例を紹介しましたが、モデルが複雑になる（タイムラインが長くなる）と原因を特定するのも困難になります。ですが、必ず解決できるので諦めずに取り組みましょう！

エラー解決に慣れると、モデリングを行うときにエラーを最小にする方法を考え始めます。スケッチ平面を選ぶとき、スケッチを投影するとき、フィーチャで面やエッジを選ぶときなどに、なくなる可能性が低いものを選択して、変更に強い3Dモデルを作成できるようになります。

いかがでしたか？　Fusionというソフトウェアが、大分理解できたのではないでしょうか。他者が作成したモデルを読み解くのは、手品の種明かしのようで楽しい方もいるかもしれませんね。

また、エラーが発生した際の解決方法もご理解いただけたと思います。もしエラーが発生しても、解決に向けてあわてずに原因を探りましょう。本日もお疲れ様でした！

≫ Day 8 　まとめと課外授業

本日は、「自分で学ぶ方法」について知っていただきました。様々な学習方法がありますが、やはり動画に勝るものはないのではないでしょうか。いろいろな動画を見てどんなことができるのかを知っておけば、いざ必要になったときに思い出せますし、他者が作成したモデルは本当に勉強になります。上級者が作成したモデルはもちろん、初級者が作成したモデルを見ても、「もっとこうすればいいのに」と思いつくことが多くあります。
ということで、本日の課外授業は動画を見ることにします。AutodeskのYouTubeチャンネル「Fusion 360 Japan (https://www.youtube.com/c/Fusion360Japan)」から、お好きなものを1つ探して見てみましょう。

Day 9 デザインプロセス

皆さんは、簡単なものであればFusionで作成できる状態になっているはずです。そこで質問です。何を作成したいですか？ Day5の課外授業で「何を作成するか」と問いかけましたが、作成したいものは思い浮かんだでしょうか？ 作成するものを決めるのが、結構難しかったりします。そこで、9日目は「何を作成するか」を見つけ、どのように製作するのか一緒に考えていきます。下記が本日の作業の流れです。

- ▶ 9-1 アイデア出し
- ▶ 9-2 3Dモデリング
- ▶ 9-3 DIY

9-1 アイデアを出そう

何を作成するか考えるとき、コンピュータの中で形を作成するだけでなく、「実際に手で触れて使えるものを作成する」ことを考えてみましょう。

最近は、3Dプリンタやレーザーカッターという、コンピュータ制御の工作機械も比較的安価で手に入りますし、インターネット経由で加工依頼できるサービスも増えています。DIY好きな方は、ホームセンターなどで材料を入手し、手工具で加工／製作するのもいいでしょう。

身の回りにあったら便利なものや、壊れてしまった部品を作成したいなど、思い当たることはありませんか？ まずは自由に、メモ用紙などに思いつくものを書き出してみましょう。

思いつかない場合は、他者が作成したものを参考にするのもいいでしょう。アイデアを探す際におすすめなWebサイトを2つ紹介するので、ぜひ参考にしてみてください。

☑ Community Gallery

AutodeskのWebサイトには「Community Gallery」というページがあり、「Autodesk Fusion」を検索すると、5,000件以上のプロジェクトが見つかります。用途がわからないものもありますが、「これは欲しい！」と思える力作もあります。

https://www.autodesk.com/community/gallery/search?keywords=Autodesk%20Fusion

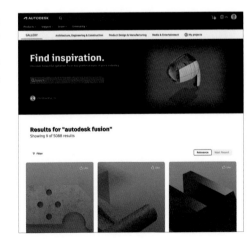

☑ Pinterest

Pinterest (https://www.pinterest.jp) という写真共有サービスは、おしゃれな写真が並び、製作意欲を刺激してくれます。気に入った写真をボードにまとめることができ、ほかのユーザーのボードも見ることができます。「3D 製品デザイン」で検索すると、このようなページが表示されました（個人ごとにカスタマイズされたページなので、同じページが表示されるとは限りません）。

☑ アイデアメモ

とにかく、何か作成したいものを見つけることが大切です。筆者が思い浮かんだものを2つ紹介します。

1つ目はシャワーフックです。（生活感が溢れていますが）家のものはヒビが入っているので、完全に壊れる前に新しいものに変えたいと思っていました。どのように部品を入手すればいいのか（そもそも売っているのか？）わからなかったので、いっそ自分で製作してみようと思います。

2つ目はスマホケースです。誰とも被らないデザインのものが欲しいと思っていました。CNCルータという、木材をカットする工作機械を使える環境にいるので、木製のスマホケースを製作したいと思います。

これらの作成が現実的になるよう、アイデアメモにまとめていきます。

アイデアメモ#1	
日付	2023年8月6日
イメージ	4 × 3 × 3cm くらいのプラスチック製（白）
作成するもの	シャワーフック
機能	シャワーヘッドを引っ掛ける。相手部品にねじで固定（現物を測って正確に作成しないと取りつけられない）
誰のため	家族
なぜ	ヒビが入っていて壊れそうだから
作成場所	自宅
作成期間	設計&製作：週末の半日程度
道具／材料	直尺、ノギス、ニッパー、やすり、3Dプリンタ（FDM方式）、PLAフィラメント

アイデアメモ#2	
日付	2023年8月6日
イメージ	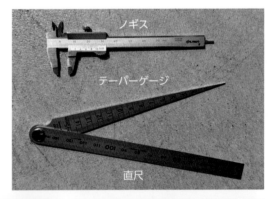 木製削り出し、木目が綺麗、触り心地が滑らか
作成するもの	iPhone 13 Pro用のケース
機能	落下時に本体を守る。自立する
誰のため	自分
なぜ	オリジナルケースが欲しいから
作成場所	自宅と工場
作成期間	設計：週末の1日程度＠自宅／製作：週末の半日程度＠工場
道具／材料	iPhone図面、CNCルータ、ウォールナット（200 × 150 × 12mm）、3Dプリンタ、テープ

かなり具体的になりました。なんだかできそうな気がしてきて、やる気が湧いてきませんか？　本日はアイデアメモ#1に、Day10ではアイデアメモ#2に取り組んでいきます。

9-2 3Dモデリングをしよう

☑ 寸法と手順

モデリングを開始する前に、各部の寸法を計測します。正確に測定するには、専用の工具を使うのが望ましいです。厚みや間隔を測るにはノギス、穴径を測るにはテーパーゲージなどの工具があります。

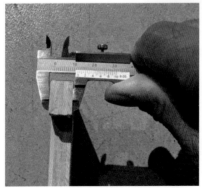

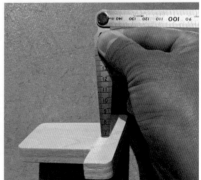

これらの工具を使ってなるべく正確に計測しました。下図はモデリング後に作成した図面です。

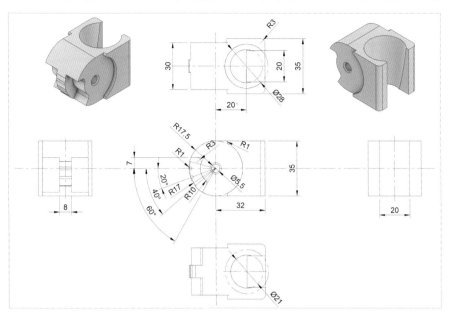

どのような手順で、どのような形状にしていくか想像できるでしょうか？　人によって思いつく手順
は様々だと思います。下記は、筆者が考えた手順を絵で表現したものです。

- 緑の形状を「押し出し」で作成
- 青の形状を「押し出し」で結合
- 赤の形状を「押し出し」で切り取り
- 黄の形状を「ロフト」で切り取り
- 「面取り」と「フィレット」で完成

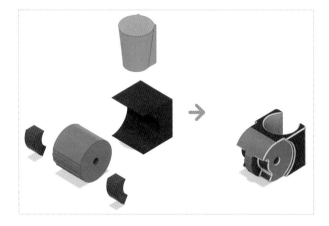

皆さんが考えた手順と同じでしょうか？　違っていても大丈夫です。ここまでくれば、あとはスケッ
チを描き、モデリングしていくだけです。

☑ スケッチ＆フィーチャ

本書で扱うほとんどのモデルは、ダウンロードデータにあります。本日からは、詳細な手順は省略し、
スケッチとフィーチャの概要のみを説明するので、Day8「8-2　他者が作成したモデルから学ぼう」を
参考に、ダウンロードデータのモデルを確認しながら作業を進めてみてください。
上記の図面をもとにモデリングします。いくつスケッチを描けばいいでしょうか？　筆者は4つ描き
ました。下記に手順を要約するので、モデリングにトライしてみてください。

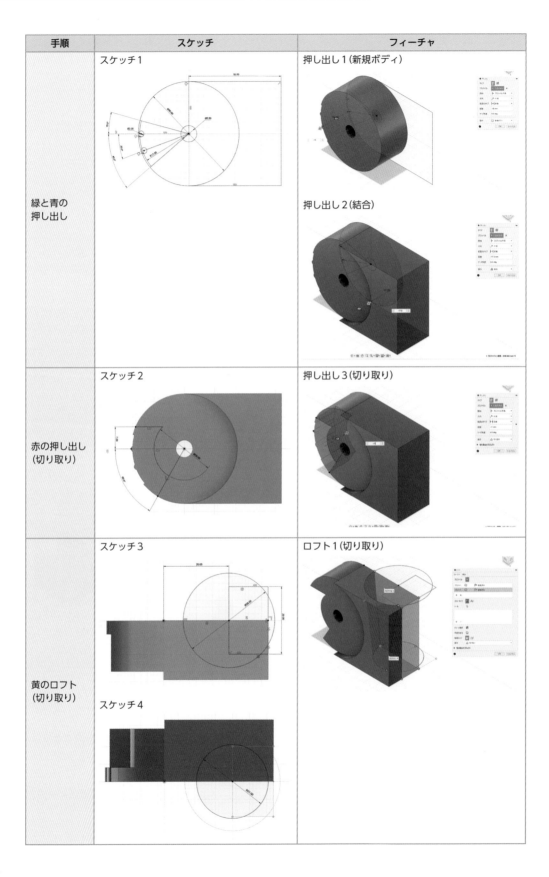

手順	スケッチ	フィーチャ
緑と青の押し出し	スケッチ1	押し出し1（新規ボディ） 押し出し2（結合）
赤の押し出し（切り取り）	スケッチ2	押し出し3（切り取り）
黄のロフト（切り取り）	スケッチ3 スケッチ4	ロフト1（切り取り）

面取り		面取り1
フィレット		フィレット1 フィレット2
ミラー		ミラー
フィレット		フィレット3

3Dモデルができたでしょうか？　ダウンロードデータの「Shower hook.f3d」を開いて手順を確認してみてください。

9-3 DIY (3Dプリント) しよう

3Dモデルが完成したので、製作していきます。アイデアメモ#1に書いたように、この部品はプラスチック製なので、3Dプリンタで製作します。3Dプリンタは、現在も新たな機種がどんどん登場しており、筆者はAmazonで数万円で購入したものを活用しています。3Dプリンタを持っているけれど活用できていない方や、気になっていたけれど入手には至っていない方は、これを機会に3Dプリントの世界に踏み込んでみませんか？

☑ STL

Day6「STL形式」コラムで、3DプリンタとSTL形式について説明しました。3Dプリントには、当然3Dデータが必要です。Fusionで作成した3Dモデルは、3Dプリント用にSTLファイルとして書き出します。

1 [ユーティリティ] > [メイク] > [3Dプリント]をクリックします。

2 3Dプリントパネルで、ボディ1を選択し、「メッシュをプレビュー」にチェックを入れ、「3Dプリント ユーティリティ」のチェックを外し、[OK]をクリックします。

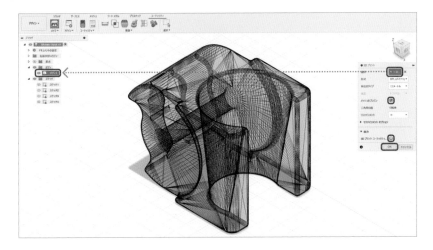

3 ファイル名と保存先を指定して保存
しましょう。

☑ スライサー

STLファイルの準備ができたら、3Dプリンタ用のプログラムを作成します。ここでは、Crealityの「K1 FDM 3Dプリンター (https://store.creality.com/jp/products/k1-speedy-3d-printer)」を例に紹介します。この3DプリンタはFDM方式 (熱溶解積層方式) で、下から上に溶かした樹脂を積層して3Dモデルを構築します。樹脂をどのように積層するかを、スライサーというソフトウェアでプログラムします。今回は、Crealityが無償で提供している「Creality Print (https://www.creality.com/pages/download)」というスライサーの手順を紹介します。

1 スライサーにSTLファイルを取り込み、向きを調整します。積層高さ (レイヤー高さ) を決め、infill (充填率)、Support (サポート有無)、Build Plate Adhesion (プレート粘着タイプ) などを指示します。

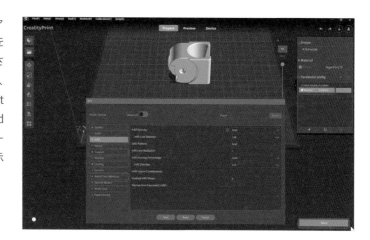

2 ソフトウェアがSTLファイルを指示した積層高さでスライスし、輪郭線と内側の塗りつぶしの軌跡を自動的に計算します。計算結果をGコードというプログラムで書き出し、3Dプリンタに転送します。あとは、3Dプリンタでプログラムを実行すれば、約30分で部品が完成します。

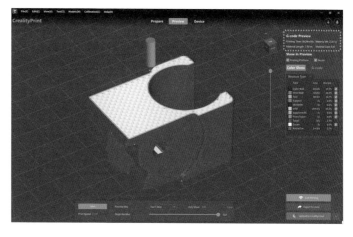

いかがでしたか？ 自分で何を作成するか考えて、実際に製作してみました。本日はアイデアメモを
仕上げて終了しましょう。

アイデアメモ＃1	
日付	2023年8月6日
イメージ	 4 × 3 × 3cmくらいのプラスチック製(白)
作成するもの	シャワーフック
機能	シャワーヘッドを引っ掛ける。相手部品にねじで固定(現物を測って正確に作成しないと取りつけられない)
誰のため	家族
なぜ	ヒビが入っていて壊れそうだから
作成場所	自宅
作成期間	設計＆製作：週末の半日程度
道具／材料	直尺、ノギス、ニッパー、やすり、3Dプリンタ(FDM方式)、PLAフィラメント
どう作成する？ 3Dモデリング	・左右対称なので半分だけ作成してミラー ・横断面を押し出し ・上から円柱形状をカット(単純な円柱じゃないかも) ・面取り、フィレット
どう作成する？ DIY	・3Dプリンタ ・材質PLA、infill高め
完成品	

本日は、何を作成するか考えていただきました。作成したいものは見つかったでしょうか？　作成したいものをアイデアメモで具体的にして、3Dモデリングの手順を考えるプロセスを紹介しました。このプロセスを繰り返すことで、どんどんスキルアップしていくはずです。

- アイデア出し：アイデアメモ作成
- 3Dモデリング：モデリング手順を考える
- DIY：製作方法を考える

課外授業では、皆さんが作成したいもののアイデアメモを作成してみてください。

アイデアメモ	
日付	
イメージ	
作成するもの	
機能	
誰のため	
なぜ	
作成場所	
作成期間	
道具／材料	
どう作成する？ 3Dモデリング	
どう作成する？ DIY	

Day 10 デザインプロジェクト #1

Day9では、作成したいものを探すところから、実際の製作までの流れを見ていただきました。どんな材料を使って、どう加工するかを考えるのは楽しいものです。もの作りは繰り返し行うことでどんどん上達するので、10日目はアイデアメモ#2で考えた、木製のスマホケースを作成していきましょう。下記が本日の作業の流れです。

> 10-1 スマホのモデリング
> 10-2 ケースの設計
> 10-3 ケースの加工／組み立て

アイデアメモ#2	
日付	2023年8月6日
イメージ	木製削り出し、木目が綺麗、触り心地が滑らか
作成するもの	iPhone 13 Pro用のケース
機能	落下時に本体を守る。自立する
誰のため	自分
なぜ	オリジナルケースが欲しいから
作成場所	自宅と工場
作成期間	設計：週末の1日程度@自宅／製作：週末の半日程度@工場
道具／材料	iPhone図面、CNCルータ、ウォールナット(200 × 150 × 12mm)、3Dプリンタ、テープ
どう作成する？ 3Dモデリング	・iPhoneをモデリング ・iPhoneの形状をオフセットしたシンプルな形状 ・ボタン、コネクタ、スピーカーの穴
どう作成する？ DIY	・CNCルータでポケット、外形カット ・横穴は手加工、やすりがけ ・ボタンを3Dプリント ・内壁にクッションテープ

スマホをモデリングしよう

今回はiPhone 13 Proをモデリングして、それに合わせたケースを設計していこうと思います。

☑ サイズの確認

1 Appleは、アクセサリ製作者向けに「Appleデバイス用アクセサリのデザインガイドライン (https://developer.apple.com/jp/accessories/Accessory-Design-Guidelines-JP.pdf)」を公開しています。このガイドラインには、各製品の詳細な図面も含まれています。

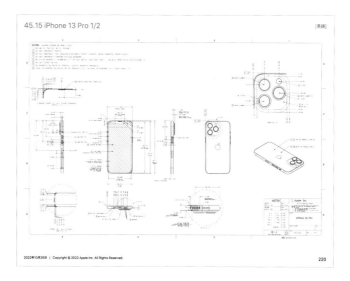

2 図面をもとに、iPhone 13 Proを約20のフィーチャでモデリングできました。ダウンロードデータの「iPhone 13 Pro.f3d」で、どのように作成したかを確認しながら、皆さんもiPhoneのモデリングにトライしてみてください。

3 データ パネルで[新規プロジェクト]をクリックし、「デザインプロジェクト」を作成します。今後はこのプロジェクトにドキュメントを保存していきましょう。

▶▶ Androidの場合

Androidは複数の企業からリリースされていますが、残念ながらGoogleやSamsungデバイスの図面を見つけることができなかったので、自分のスマホを測定して、モデリングしていただくことになります。ここではGoogle Pixel 7を例に進めます。実物と測定工具、そしてWebサイト (https://store.google.com/jp/category/phones) の画像をスクリーンショットして準備しました。ダウンロードデータの「Pixel 7.f3d」を参考にモデリングしてみてください。

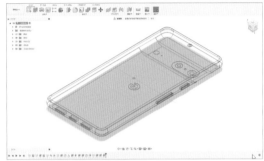

☑ モデリング

ここからは、図面があるiPhone 13 Proと、スクリーンショット画像のみのGoogle Pixel 7のモデリング手順を並行して紹介していきます。大まかなモデリング手順は「外形形状→立ち壁形状→カメラ形状→ボタン、コネクタ、スピーカー形状」となります。

▶▶ キャンバス

Google Pixel 7は寸法がわからないので、スクリーンショット画像を参考に進めます。キャンバスに画像を貼りつけて、なぞるようにスケッチするのが効率的です。JPGやPNGなどの画像ファイルはピクセル（点）の集まりなので、キャンバスに取り込んだだけでは正しいサイズになりません。そこで、まずは外形サイズの長方形スケッチを作成し、それに合わせて画像を移動／拡大縮小します。

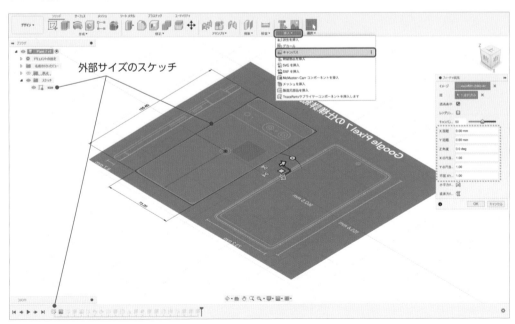

▶️ 外形形状

図面や画像を参考に、外形形状をスケッチして押し出します。

	iPhone 13 Pro	Google Pixel 7
スケッチ	・図面ではコーナーの半径が複数の点で表されているため、点を追加して寸法を入れ、スプラインで結んで作成 ・ミラーで上下、左右対称にする	・画像に最も近いコーナーの半径を作成
フィーチャ	・プロファイルを押し出し（新規ボディ）	

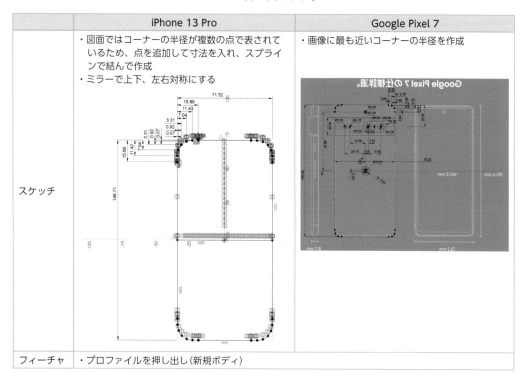

▶️ 立ち壁形状

側面の立ち壁には、段や半径がついています。断面形状をスケッチして、スイープで1周分カットします。

	iPhone 13 Pro	Google Pixel 7
スケッチ	・外形形状と同じようにコーナーの半径を作成 ・ミラーで上下対称にする	・画像に最も近いコーナーを円弧で作成
フィーチャ	・プロファイルを外形輪郭でスイープ（切り取り）	

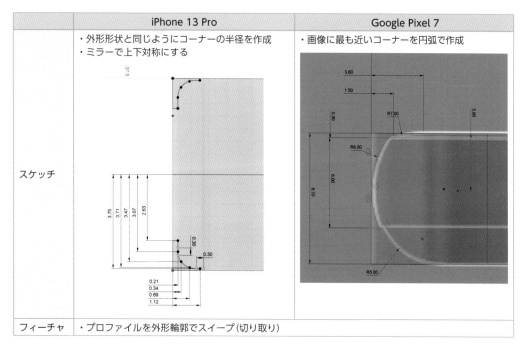

▶▶ カメラ形状

カメラ形状をスケッチして、押し出し（結合、切り取り）ます。

	iPhone 13 Pro	Google Pixel 7
スケッチ	・カメラ外形とレンズを作成	・カメラ突出部を作成 ・レンズを作成
フィーチャ	・カメラ外形を押し出し（結合） ・フィレット ・レンズを押し出し（結合）	・突出部を押し出し（結合） ・フィレット ・レンズを押し出し（切り取り）

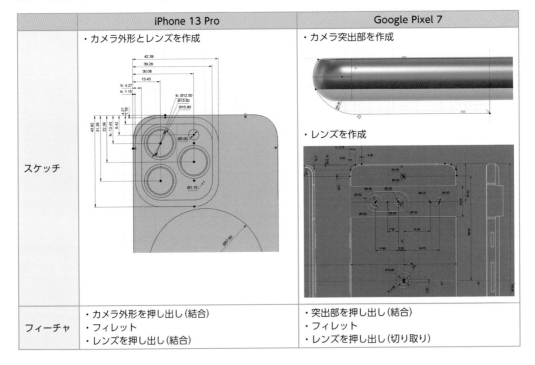

▶▶ ボタン、コネクタ、スピーカー形状

オフセット平面にスケッチし、押し出します。

	iPhone 13 Pro	Google Pixel 7
スケッチ	・ボタン形状を作成（右左） ・コネクタとスピーカー形状を作成	・ボタン形状を作成 ・コネクタとスピーカー形状を作成
フィーチャ	・ボタン穴を押し出し（切り取り） ・ボタンを押し出し（結合） ・コネクタとスピーカーを押し出し（切り取り）	

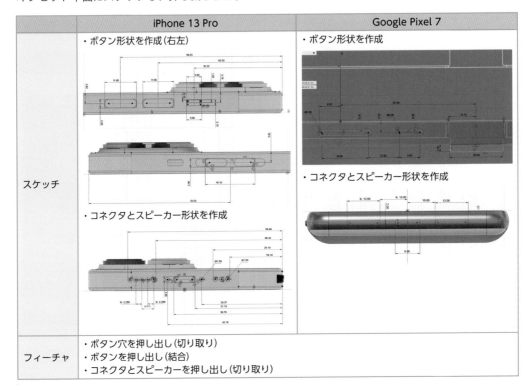

Column **スケッチ、ボディの名前変更**

スケッチやボディの名前は、「スケッチ1」「ボディ1」のように、作成した順番で自動的に番号が割り当てられます。このままだと何のためのスケッチかわからないので、名前を変更して、編集時に対象を見つけやすくします。

1 ブラウザのスケッチやボディを右クリックして、[名前変更] をクリックします。

2 わかりやすい名前を入力します（日本語もOK）。ダウンロードデータの「iPhone 13 Pro.f3d」と「Pixel 7.f3d」は、スケッチやボディの名前を変更しているので確認してみてください。

10-2 ## ケースを設計しよう

「Appleデバイス用アクセサリのデザインガイドライン」には、ケースを設計する上での注意事項が記載されているので、これらを考慮して設計していきます。

☑ 素材と加工方法

今回は、ウォールナットという木材をCNCルータで削り出す方法を想定しています。素材と加工方法によって、いくつか制約があったり、ボタン操作やコネクタ接続についても考える必要があるので、下記を前提に設計していきます。

- 素材の厚さは12mmとし、スマホ形状とカメラ穴を彫り下げ、外形形状はくり抜く
- 強度を考慮して、立ち壁の厚さは2.5mmとする
- 立ち壁のボタン穴などは別途手加工（今回使用するCNCルータは片面しか加工できない）
- ケースの厚さでボタンを押せなくなるので、ボタンは別部品として製作しテープで貼りつける

Column **CNCルータ**

ルータは、木材の面取り、溝切り、切断を行う工作機械です。CNC (Computer Numerical Control) は、コンピュータ数値制御で動くことを表しています。

ビットという切削工具をセットして、プログラムを実行すると加工が行われます。このプログラムはCAM (Day1「用語」コラム参照) で作成しますが、FusionにはCAMが含まれています。

CNCルータは、大型（加工エリア1,000mm以上、数百万～数千万円）から小型（加工エリア500mm以下、数万～数十万円）まで様々ですが、筆者はYeti ToolのSmartBench Precision Pro (https://www.yetismartbench.com/PRODUCTS/Precision-Pro) という大型のもので加工しました。

☑ **設計**

新規デザインを開始し、モデリングしたスマホをデザインに挿入します。スマホ形状を確認しながら、クリアランス（隙間）を確保した形状を作成していきます。

▶ 外形形状

iPhone 13 Pro	Google Pixel 7
コンストラクション ・液晶面から11mmのオフセット平面 **スケッチ** ・スマホ最外形とカメラ外形のスケッチをプロジェクト ・クリアランス確保のため最外形を0.5mmオフセット ・立ち壁の厚さを2.5mmにするため最外形を3mmオフセット（3 - 0.5 = 2.5mm） ・カメラ外形を0.5mmオフセット	

フィーチャ
・カメラ穴以外のプロファイルをスマホ裏面まで押し出し（新規ボディ）
・厚さ2.5mmの立ち壁を12mm押し出し（結合）

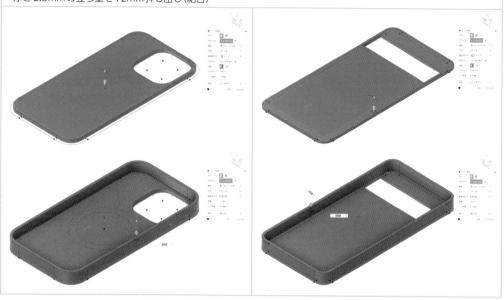

▶️ テープ

ケースの立ち壁内側に緩衝材とボタンを貼りつけるテープ（厚さ約0.5mm）を一周貼ります。

iPhone 13 Pro	Google Pixel 7
スケッチ ・最外形の0.5mmオフセット線 **フィーチャ** ・厚さ0.5mm、距離8mmの薄い押し出し（新規ボディ）	

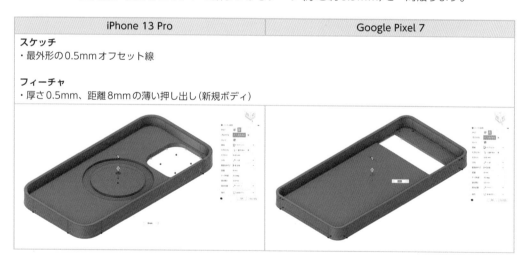

▶️ ボタン穴

iPhone 13 Pro	Google Pixel 7
スケッチ ・立ち壁平面にスケッチを作成して、スマホのボタンをプロジェクトし、サイレントスイッチ外形を1mmオフセット	

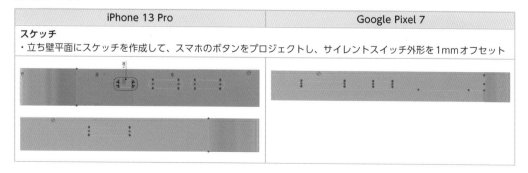

フィーチャ
・サイレントスイッチ穴をテープまで押し出し（切り取り）
・ボリュームボタン穴を押し出し（切り取り）

》 コネクタとスピーカー穴

iPhone 13 Pro	Google Pixel 7
スケッチ ・立ち壁平面にスケッチを作成し、スマホのコネクタとスピーカー穴をプロジェクトしてオフセット	

フィーチャ
・コネクタとスピーカー穴をテープまで押し出し（切り取り）

◗ ボタン

立ち壁の厚さが2.5mmありボタンが押せないため、別部品を作成します。

iPhone 13 Pro	Google Pixel 7
スケッチ ・ボタン穴のスケッチ **フィーチャ** ・ボタンをケース外壁0.5mmから内壁まで押し出し（新規ボディ） ・ボタン先端を0.25mm面取り	

10-3 ケースの加工／組み立てをしよう

ケースの設計が終わったので、加工について考えていきます。木製のケースは、Fusionの製造作業スペースで加工プログラムを作成し、CNCルータで加工します。本書では概要のみ説明します。

☑ 加工プログラム

CNCルータで加工（切削）するには、加工プログラム（NCプログラム）が必要です。加工プログラムには、加工方法、加工素材（ストック）サイズ、原点位置、ツール（径、回転数、移動スピード）、ツールパスなどが含まれます。これらをFusionの製造作業スペースで設定して、NCプログラムを書き出します。

▶▶ 設定

「加工タイプ」を「ミル」にして、加工素材（ストック）サイズと加工原点を指定します。

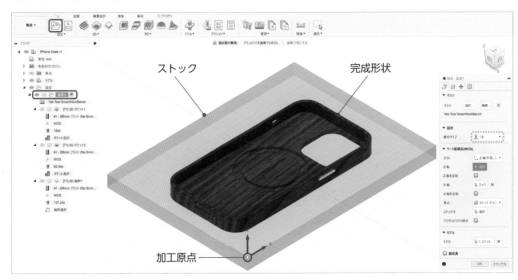

▶▶ ツールパス

1 ツールパスとは、その名の通りツール（工具）の軌跡のことです。ここでは [2D] の [2D ポケット] と [2D 輪郭] でツールパスを作成します。

2 ツールパスの内容は、5つのタブ（工具、形状、高さ、パス、リンク）で設定します。

3 3つのツールパスを作成しました。

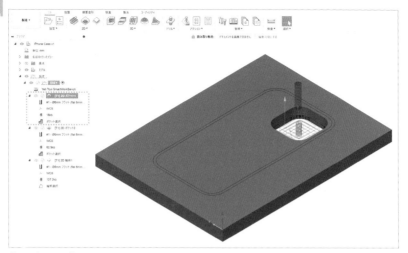

[2D ポケット]でカメラ穴を切削するツールパス

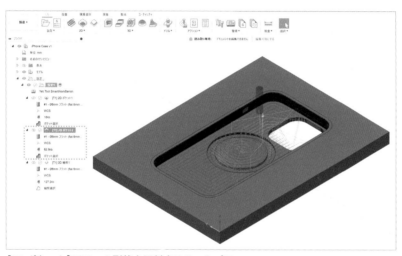

[2D ポケット]でスマホ形状を切削するツールパス

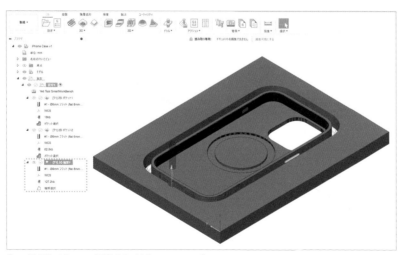

[2D 輪郭]でケース外形を切削するツールパス

》 NCプログラム

1 ツールパスの作成が終わったら、ウィンドウの［設定1］を右クリックして、［NCプログラムを作成］をクリックします。NCプログラムウィンドウで、加工する機械に合わせてポストを選択し、名前を入力してNCプログラムを書き出します。

2 ウィンドウの［NCプログラム1］を右クリックして、［NC出力フォルダを開く］をクリックします。書き出されたNCプログラムはテキストファイルなので、テキストエディタなどで内容を確認できます。

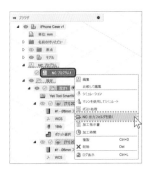

☑ 加工／仕上げ

▶▶ 素材のセットと原点合わせ

素材をCNCルータにセットして、原点位置を合わせます。

 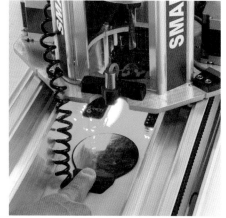

レーザーマーカーでXY原点合わせ　　　　　プローブでZ原点合わせ

▶▶ NCプログラム実行

NCプログラムをCNCルータに読み込ませ、実行します。

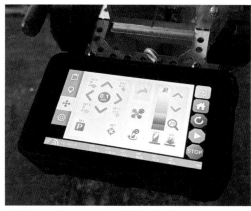 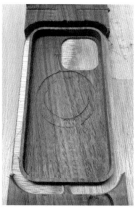

CNCルータのコンソール（操作パネル）　　　切削が終わった状態

▶▶ 仕上げ

立ち壁穴（ボタン、コネクタ、スピーカー）をドリル、
棒やすり、サンドペーパーなどで仕上げます。

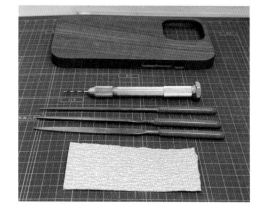

☑ 組み立て

▶▶ ボタンとテープ

仕上げが終わったケースにボタン（3Dプリントで製作）をつけ、内壁にクッションテープを貼ります。

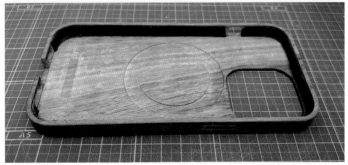

▶▶ 完成

スマホをケースに入れて完成です。念願のオリジナルケースができました。この後、ワックスを塗って光沢を出しました。

本日は、スマホのモデリングから、スマホケースを実際に製作するまでの流れを説明しました。ダウンロードデータにはモデリングの詳細が含まれているので、ぜひ活用してみてください。
また、もの作りの1つの方法として切削加工を知っていただきたかったので、あえてCNCルータという特別な工作機械を取り上げました。

本日の課外授業は、3Dプリンタで製作するスマホケースです。3Dプリンタを持っている方は、今回のスマホケースを3Dプリンタで製作してみましょう。木材では立ち壁の厚さが2.5mm必要でしたが、3Dプリントであれば1.2mm程度で大丈夫だと思います。ほかにも丸みのあるデザインや、好みの形状に変更するのもいいでしょう。

Day 11 デザインプロジェクト #2

11日目は、3DプリンタやCNCルータを使わずに、手工具で製作できるものを紹介します。最近はネットショップで買い物することが多いので、ダンボールには事欠きません。100円ショップやホームセンターで木材や手工具が安価で手に入るようにもなりました。これを機に、DIY工作を始めてみましょう！　下記が本日の作業の流れです。

- ▶ 11-1 デザインプロジェクト #2-1 頭のオブジェ
- ▶ 11-2 デザインプロジェクト #2-2 踏み台

加工しやすいように、形状はなるべくシンプルにしようと思います。また、様々なサイズに対応できるように、パラメータを使ってサイズを変更できる設計にします。

11-1 デザインプロジェクト #2-1 頭のオブジェ

ダンボールでの工作を想定したデータと、手作業（カッターナイフ）でカットするための図面を作成します。「立体パズル」などの名前で販売されている、組み立て式のオブジェです。今回は頭の形のデータを使いましたが、WebサイトでSTLファイルを入手して好きな形で作成してもいいでしょう。

☑ 構想

ダンボールに切り込みを入れ、直角に差し込むと立体的になります。この構造を使って、頭の形（インポートしたSTLファイル）を再現していきます。縦横方向4枚、高さ方向8枚の、計12枚のパーツで構成します。

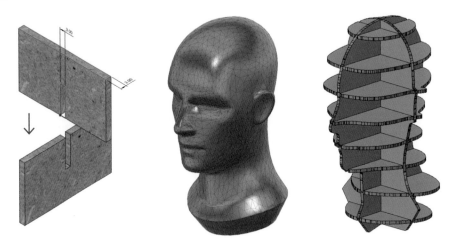

☑ パラメータ

スケッチを開始する前に、5つのユーザ パラメータを設定します。材料（ダンボール）の厚さは様々な部分で入力することになるので、ユーザ パラメータで入力しやすい「t」に設定します。単位は、尺度と枚数は「単位なし」で、そのほかは「mm」です（パラメータについては、Day5「5-2　パラメータを理解しよう」を参照してください）。

各部寸法	パラメータ	単位	式
材料の厚さ	t	mm	3
オブジェの高さ	height	mm	200
尺度	scale	単位なし	height ／ 200
枚数	slice	単位なし	8
間隔	pitch	mm	height ／ slice

☑ STL インポート、スケッチ、フィーチャ

1 [挿入] > [メッシュを挿入]をクリックして、ダウンロードデータの「humanhead.stl」を新規ドキュメントに挿入します。「単位のタイプ」が「ミリメートル」になっているのを確認して、「地面に移動」を選択します。高さは200mmになっているはずです。

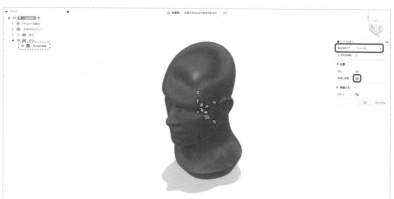

2 ツールタブを[メッシュ]に切り替え、[修正] > [メッシュを変換]をクリックしてソリッドにします。メッシュを変換パネルの「操作」を「基準フィーチャ」、「方法」を「ファセット」にして[OK]をクリックします。

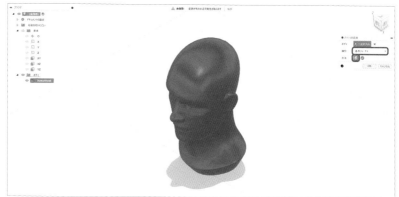

3 ウィンドウに「ボディ 1」が現れます。

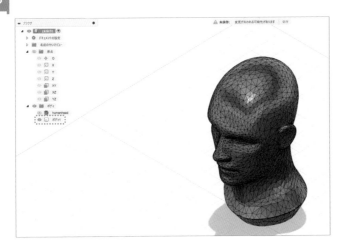

4 サイズを変更できるように、[修正] > [尺度]をクリックして尺度を追加します。尺度係数はユーザ パラメータの「scale」にしておきます(scaleの値は1(100%)なので、サイズは変わりません)。

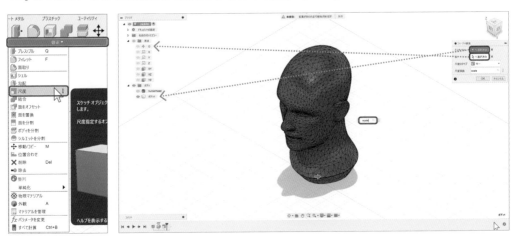

5 続いて、縦方向のパーツを設計します。YZ平面が頭の中心にあるので、この平面にスケッチを作成します。[作成] > [投影/取り込み] > [交差]をクリックして、ソリッドのボディ1を選択すると交差線が現れます。

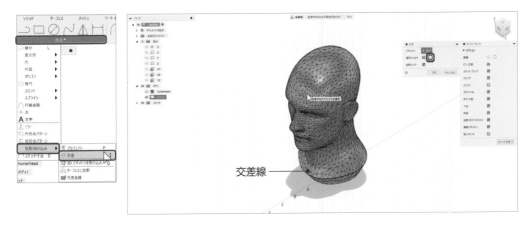

交差線

6 ボディ1を非表示にして、中央に中心線をスケッチし、両側にダンボールの厚さ分の分割線を描きます。❶〜❽高さ方向に積層する8段のパーツのそれぞれの位置と、差し込む溝の線も描きます。

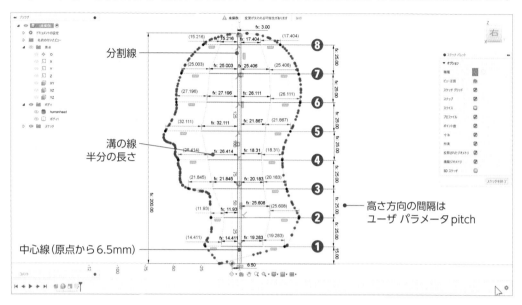

分割線

溝の線
半分の長さ

中心線（原点から6.5mm）

高さ方向の間隔は
ユーザ パラメータ pitch

7 スケッチをダンボールの厚さ分（t）、対称に［押し出し］ます。8段のパーツを差し込む溝を、［薄い押し出し］で切り取ります。

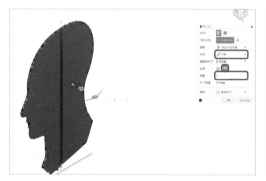
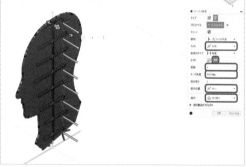

8 次に、横方向のパーツを設計します。スケッチ1の中心線に90度の［傾斜平面］を作成し、ソリッドの交差線を投影します。隙間と溝の線（スケッチ1と同じ高さ）もスケッチします。

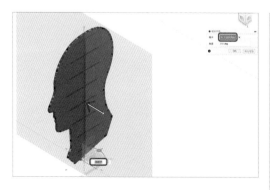
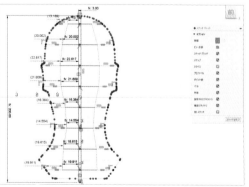

9 [押し出し]で厚みづけと[薄い押し出し]で溝の切り取りをして、横方向のパーツを完成させます。

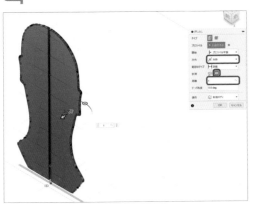
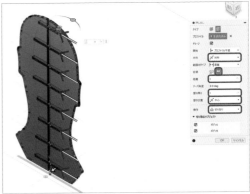

10 スケッチ1の1段目の溝の線に[傾斜平面]を作成し、[修正] > [ボディを分割]をクリックしてボディを作業平面でスライスします。

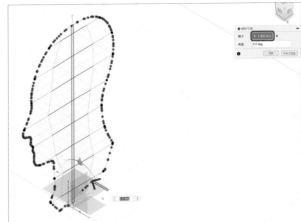

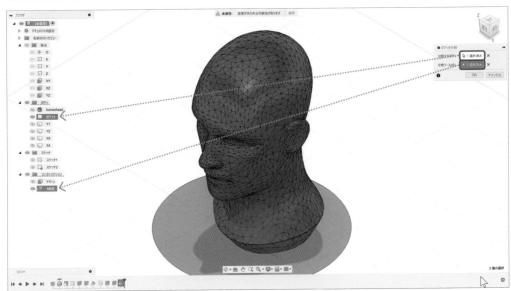

11 ボディ1だけを表示させ、ス
ライスしたボディの上面に、
1段目のパーツをスケッチし
ます。

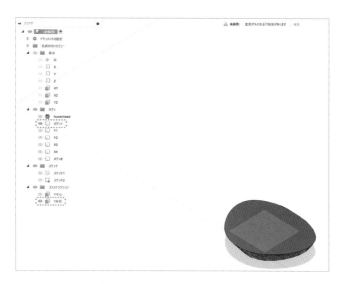

12 ❶❷スケッチ1とスケッチ2の溝の線を投影し、❸～❻端点から輪郭に線分を描きます。

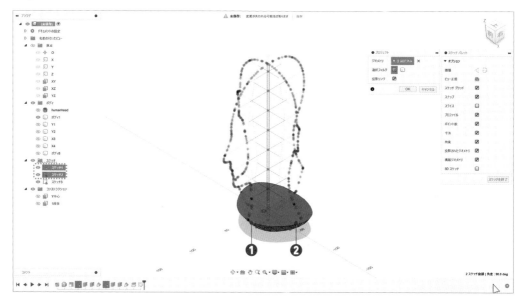

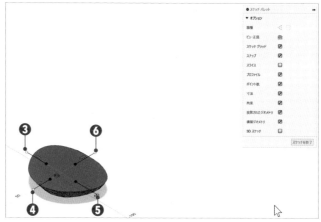

13 ボディ1を非表示にして、[押し出し] で厚みづけと [薄い押し出し] で溝の切り取りをして、1段目のパーツを完成させます。

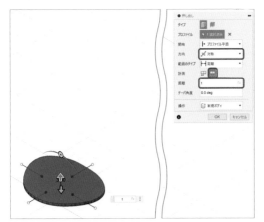
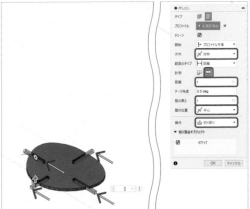

14 2〜8段目のパーツも同じ要領で作成します（単純作業の繰り返しですが、頑張ってください）。これで3Dモデルが完成しました。

☑ 図面／ DIY

1 加工形状がわかるように図面を作成します。A4用紙に印刷してダンボールに貼りつけたいので、事前準備としてA4用紙（210 × 297mm）2枚をスケッチします。

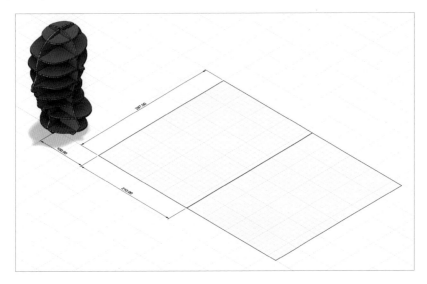

2 [修正] > [移動／コピー]をクリックして、パーツをA4用紙内に重ならないように並べます。[検査] > [計測]をクリックして、距離を測りながら位置を調整すると、きれいに並べられます。並べ終わったら、「human head」という名前で保存しましょう。

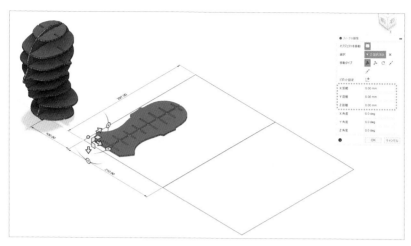

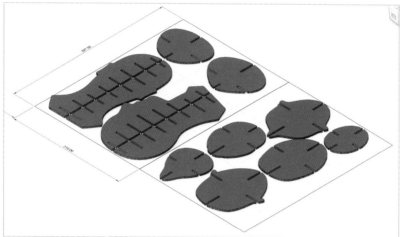

3 続いて、[ファイル] > [新規図面] > [デザインから]をクリックしてA4用紙に1：1で図面を作成します。

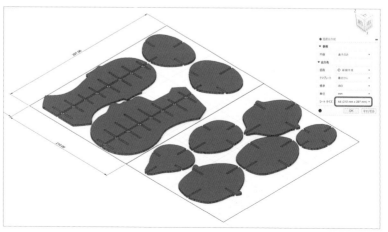

4 ベース ビューを図面サイズに合わせて配置します。シート サイズと表題欄は非表示にしましょう。

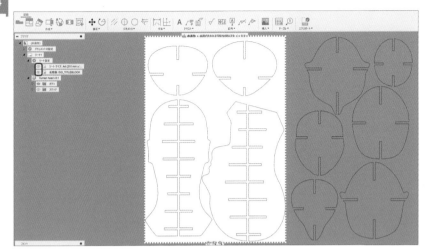

5 もう1つ図面ドキュメントを作成します（有償のサブスクリプションに加入すれば、同一図面ド
キュメントにシートを追加できるので、別の図面ドキュメントを作成する必要はありません）。

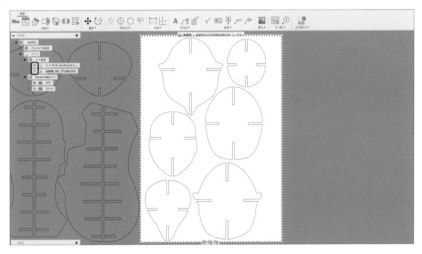

6 プリンタをお持
ちの方は、［ファ
イル］ >［印刷］
をクリックして
ぜひ印刷してみ
てください。

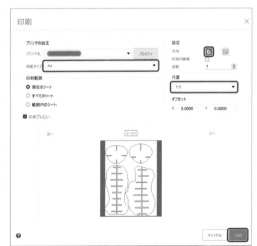

> **Column**　**スケッチのDXFエクスポート**
>
> レーザーカッターなどのコンピュータ制御の工作機械で加工する場合は、DXFファイルが使えます。個人用ライセンスは、図面をDXFでエクスポートできませんが、スケッチはDXFでエクスポートできます。すべてのボディをプロジェクトしたスケッチを作成して、[DXF形式で保存]をクリックします。

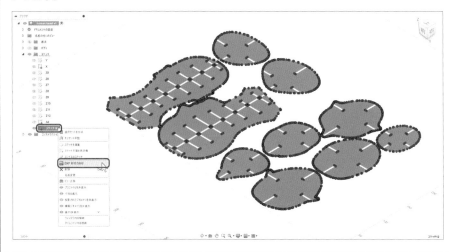

7　印刷した図面をダンボールに貼りつけてカットします（画像ではA4用紙が3枚になっていますが、気にしないでください）。

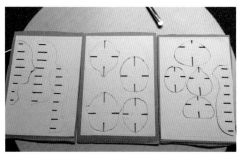

8　カットしたパーツを組み立てて完成です。

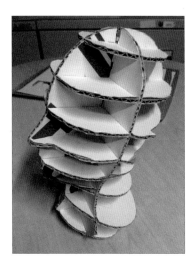

11-2 デザインプロジェクト #2-2 踏み台

続いて、踏み台を設計します。踏み台には強度の高い材料が必要なので、ホームセンターでワンバイフォー材（19 × 89mm）6フィート（1,820mm）2本と、木工用ねじ（3.8 × 57mm）を購入しました。

☑ 構想

一般的な踏み台の高さは200～800mmなので、この範囲で高さを変更できるようにします。

☑ パラメータ

スケッチを開始する前に、右表の6つのユーザ パラメータを設定します。

stepsの式が複雑ですね。heightを高くしたときに段も増えるようにするため、特殊な式を使っています。

各部寸法	パラメータ	単位	式
踏み台の高さ	height	mm	550
踏み台の幅	width	mm	450
材料の幅	mat_width	mm	89
材料の厚さ	mat_thickness	mm	19
段数	steps	単位なし	if(height < 550 mm; 0; if(height < 600 mm; 2; if(height < 800 mm; 2; 3)))
段の高さ	step_height	mm	150

	steps
550mm未満	0
550～600mm未満	1
600～800mm未満	2
800mm以上	3

パラメータの計算式で使用できる関数などについては、ヘルプページを参照してください。

パラメータのリファレンス

https://help.autodesk.com/view/fusion360/JPN/?guid=GUID-76272551-3275-46C4-AE4D-10D58B408C20

☑ スケッチ、フィーチャ

1 ここでは、Day3で作成したheikoushihenkeiドキュメントをデザインプロジェクトに移動させて使っていきます。

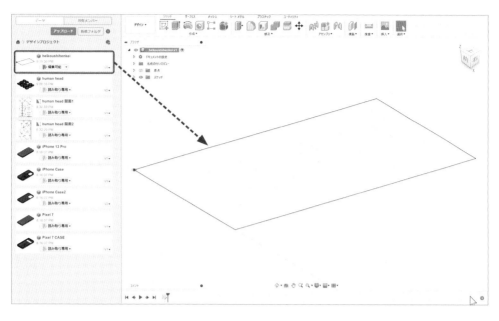

2　XY平面にスケッチがありますが、向きを変えたいので、タイムラインのアイコンから[スケッチ平面を再定義]をクリックして、XZ平面を選択します。

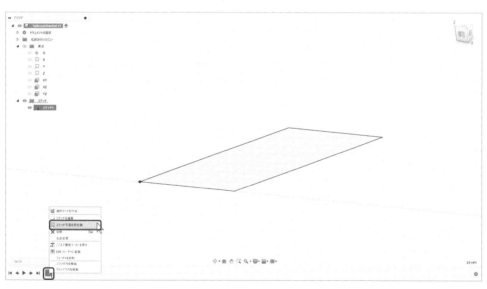

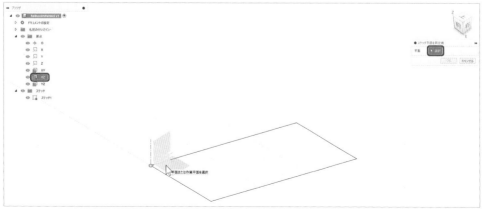

3 以下の手順でモデリングします。

	スケッチ／作業平面	フィーチャ
縦板（脚） height mat_width mat_thickness	・脚形状のスケッチ（スケッチ1を編集） 　踏み台の高さ = height 　材料の幅 = mat_width 　材料の厚さ = mat_thickness 	・押し出し（新規ボディ）
縦板ミラー width mat_thickness	・コンストラクションオフセット平面 　距離 = width/2 - mat_thickness 	・ミラー
横板 mat_width mat_thickness	・横板形状のスケッチ 　材料の幅 = mat_width 　材料の厚さ = mat_thickness 　段の高さ = step_height 	・押し出し（新規ボディ） 　開始 = オブジェクト（板外） 　範囲のタイプ = オブジェクト（板外）

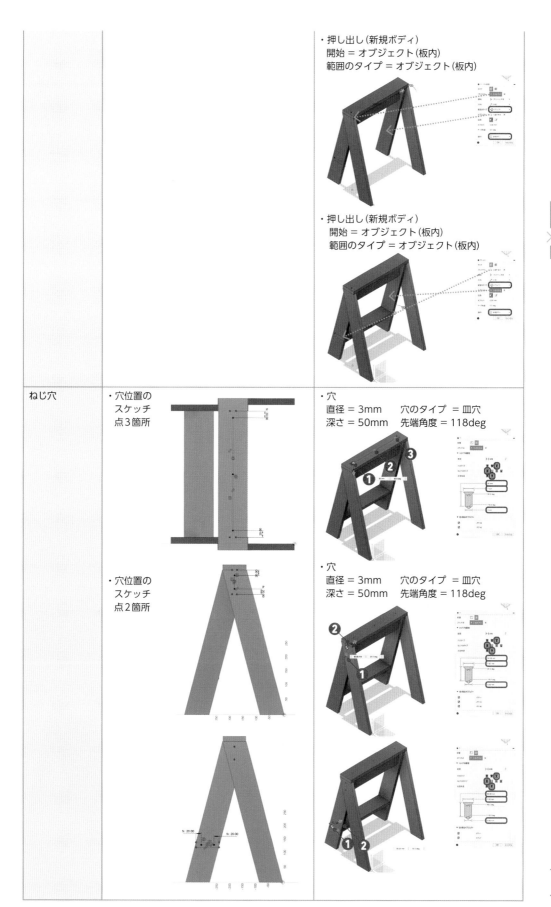

・押し出し(新規ボディ)
　開始 = オブジェクト(板内)
　範囲のタイプ = オブジェクト(板内)

・押し出し(新規ボディ)
　開始 = オブジェクト(板内)
　範囲のタイプ = オブジェクト(板内)

ねじ穴	・穴位置の 　スケッチ 　点3箇所		・穴 　直径 = 3mm　　穴のタイプ = 皿穴 　深さ = 50mm　　先端角度 = 118deg	
	・穴位置の 　スケッチ 　点2箇所		・穴 　直径 = 3mm　　穴のタイプ = 皿穴 　深さ = 50mm　　先端角度 = 118deg	

ステップ steps step_height		・パターン 　数量 = steps 　距離 = step_height 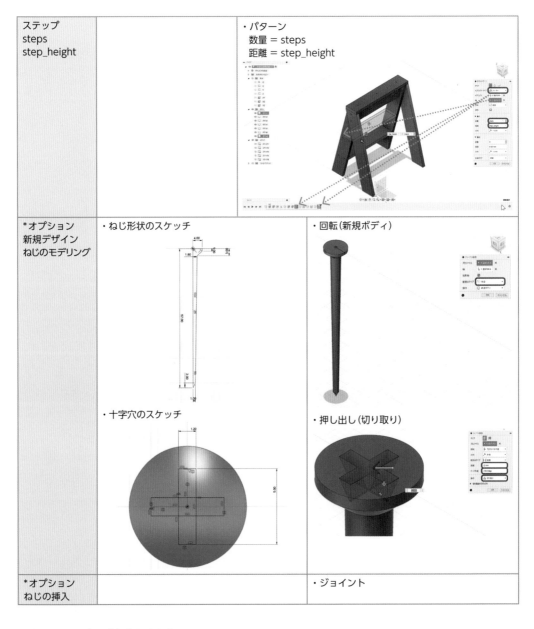
*オプション 新規デザイン ねじのモデリング	・ねじ形状のスケッチ	・回転（新規ボディ）
	・十字穴のスケッチ	・押し出し（切り取り）
*オプション ねじの挿入		・ジョイント

これで3Dモデルが完成しました。

☑ 図面／ DIY

1 今回はA3用紙に、組み立て方がわかるように図面を作成します。

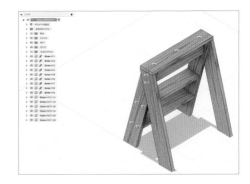

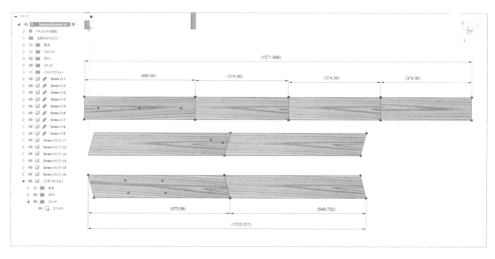

2 ワンバイフォー材からどのようにカットするかを考えるために、下図のように並べてみました。
ワンバイフォー材の長さは1,820mmなので、3本必要なことがわかりました。

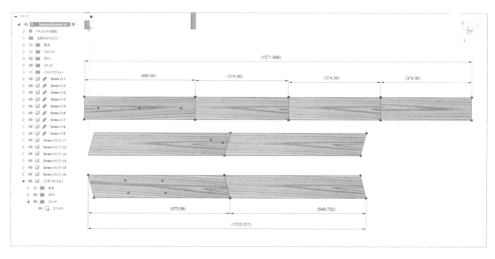

3 のこぎり、サンドペーパー、クランプ、ドライバーを準備しました。

4 図面通りにワンバイフォー
材をカットして、ねじで
固定したら完成です。

※設計前に材料を購入してし
まったので、ワンバイフォー
材2本で製作できるよう、一
部寸法を変更しました。

☑ コンフィギュレーション

2023年9月のアップデートで、Fusionに「コンフィギュレーション」機能が追加されました。残念な
がら個人用ライセンスでは使用できませんが、サイズ違いのものなどバリエーションを持たせる際に
とても便利な機能なので紹介します。

コンフィギュレーションでは、下記のような場合に別ドキュメントを作成するのではなく、同一のドキュ
メント内に構成違いを設定できる機能です（今までは高さ違いのものを作成する場合、その都度寸法を
変更するか、ドキュメントのコピーを作成して寸法を変更する方法が一般的でした。コンフィギュレー
ションでは、単一のドキュメントで対応できます）。

- 部品の一部の寸法が異なる場合
  →パラメータ
- 部品の一部の形状（フィーチャ）が存在しない場合
  →抑制
- 部品の一部が存在しない場合
  →表示設定
- 材質が異なる場合
  →物理マテリアル、外観

今回の踏み台の場合、部品構成（段数）と踏み台の高さを
コンフィギュレーションで設定できます。

1 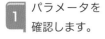 パラメータを
確認します。

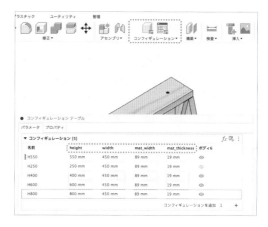

2 コンフィギュレーション テーブルを下記のように設定します。

名前	height	width	mat_width	mat_thickness	ボディ6
H550	550 mm	450 mm	89 mm	19 mm	
H250	250 mm	450 mm	89 mm	19 mm	
H400	400 mm	450 mm	89 mm	19 mm	
H600	600 mm	450 mm	89 mm	19 mm	
H800	800 mm	450 mm	89 mm	19 mm	

3 コンフィギュレーションを「H800」に切り替えます。heightが高くなったことでstepsが3段になりました。

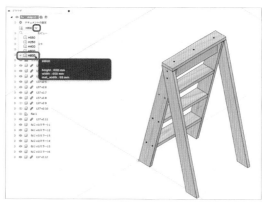

Day 11 ≫ **まとめと課外授業**

本日は、頭のオブジェと踏み台のプロジェクトに取り組みました。サイズの変更には、ユーザパラメータを使うのが効果的だと実感できたと思います。
本日の課外授業は下記の2つです。ぜひ、お休みの日などにDIYにトライしてみてください。

❶ Day6「6-1　ボディを理解して作成しよう」で紹介した
Thingiverse などでモデルを探し、立体パズルを作成
例：MDF材をレーザーカットして制作

❷ 踏み台の幅、高さを変更
例：幅300mm、高さ300mm
で製作

左：もととなるメッシュモデル　右：平面素材で製作したもの

左：高さ550、幅450
右：高さ300、幅300

Day 12 室内レイアウト

12日目は少し趣向を変えて、空間に3Dモデルを並べる練習をしていきます。Fusionで室内空間と家具をモデリングし、レイアウトしてみましょう。下記が本日の作業の流れです。

　▶ 12-1 部屋のモデリング
　▶ 12-2 家具のモデリング
　▶ 12-3 レイアウト

部屋の中にある様々な形のものをモデリングすることで、スキルが上がるはずです。部屋の模様替えをするときにも役立つかもしれませんよ。

12-1 部屋をモデリングしよう

まずは間取り図を探すところから始めます。正確なものでなくても大丈夫です。入手できなければ、メジャーなどで測ってラフな絵を描いておきましょう。

☑ 間取り図

1 このような間取り図が入手できたとします。これをもとに室内空間をモデリングするのですが、寸法がわかりません。そんなときは、ドアなどの規格品で寸法を特定するのがおすすめです。一般的にドアの幅は800mmで、壁の開口は900mmです。

2 新規ドキュメントを作成します。ここでは900mmの直線をスケッチで描いておいて、[挿入] > [キャンバス]で挿入したイメージの尺度を微調整しています。

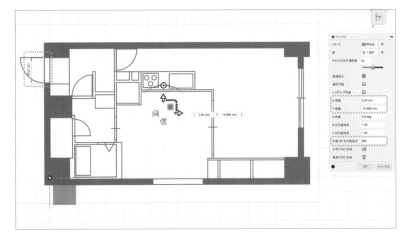

☑ 外壁と床

1 グレーに塗りつぶされている
外壁のスケッチを描いていき
ます。

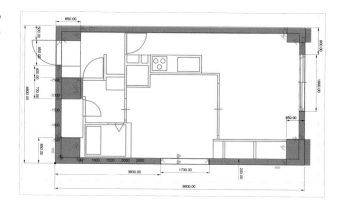

2 [押し出し]で床と外壁を作成します。床と外壁でボディを分けています。

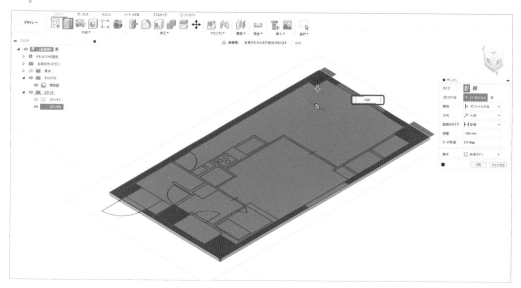

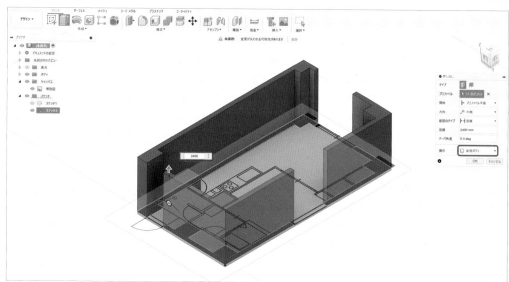

☑ 間仕切り壁

1 間仕切り壁のスケッチを作成します。壁の厚さは、約90mmとします。外壁のスケッチを編集して、間仕切り壁の中心の線を描き足すと簡単です。

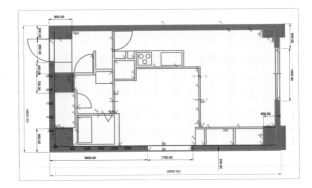

2 [薄い押し出し]で壁の厚さを90mmにし、壁の位置を中心にして押し出します。このとき、外壁だけに結合されるよう、床のボディを非表示にします。

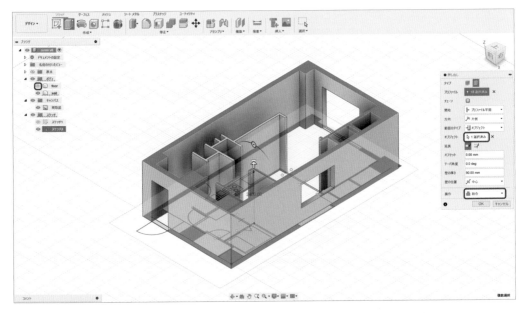

3 完成した部屋の3Dモデルです。必要に応じて、キッチン、お風呂、トイレなどをモデリングすると、リアリティが増します(中が見やすいよう、壁のボディの外観を半透明にしています)。最後に保存して閉じましょう。

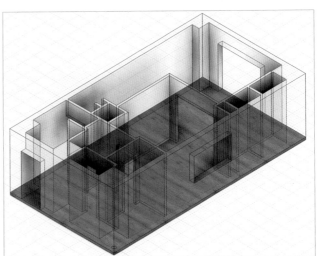

12-2 家具をモデリングしよう

続いて家具をモデリングしていきます。お持ちの家具の寸法を測りましょう。新しい家具を購入する場合は、インターネットで入手できる情報（外形形状や寸法など）を参考にします。ここではソファを例に解説します。

☑ スケッチ

1 ここでは家具を製作するわけではないので、細部は省略し、外形形状を再現していきます。このソファの場合、どのようなスケッチから始めますか？

2 家具メーカーのWebサイトに下記のサイズが記載されていたので、これをもとに、新規ドキュメントに右図のようなスケッチを描きました。

幅1,740 × 奥行780 × 高さ730 × 座高390mm

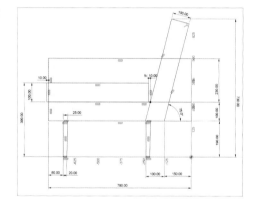

☑ モデリング

作成したスケッチを使ってモデリングしていきます。パターンやミラーを使うと手早くモデリングできます。

▶ 座面

幅が1,740mmなので、両側の肘掛けの厚さ（100mmに設定）を除いた分だけ［押し出し］ます。

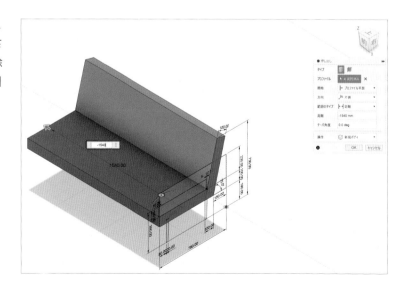

▶》肘掛け

反対側に100mm［押し
出し］ます。

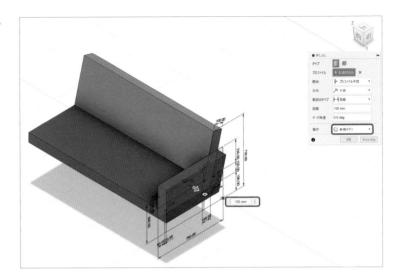

▶》クッション

500mm［押し出し］た
ら、［矩形状パターン］で
3つに増やします。

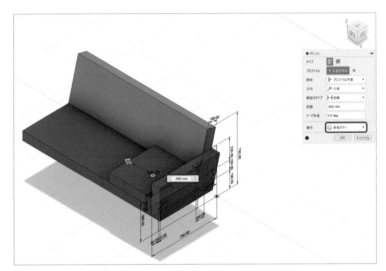

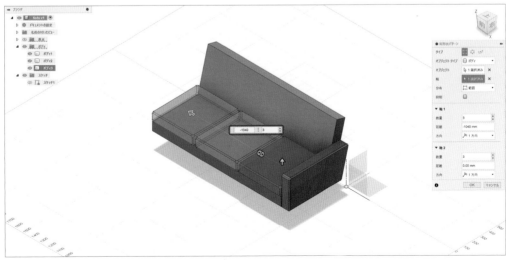

▶▶ 脚

[回転]で2本作成し、座面の[中立面]を作成して、肘掛けと脚2本を[ミラー]します。

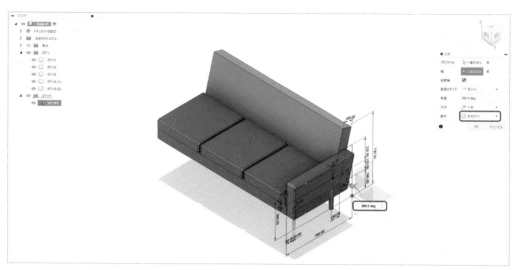

▶▶ 外観

好みの外観に変えたら完成です。ぜひ、ダイニングテーブル、チェア、テレビ、ベッドなどもモデリングしてみてください。ダウンロードデータに筆者がモデリングした家具があるので、参考にしていただければと思います。

ダウンロードデータの一部は、ダイレクトモデリングで作成しています。また、座標軸は異なるもの（Y軸が上）もあるので注意してください。

12-3 レイアウトしよう

いよいよ部屋の中に家具をレイアウトしていきます。

☑ 部屋

新規ドキュメントを作成し、部屋の3Dモデルを[現在のデザインに挿入]します。

☑ ソファ

ソファも同じように挿入します。上面から部屋を見て、好みの位置にソファを[移動／コピー]で置きます。

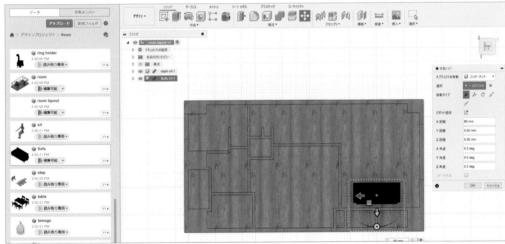

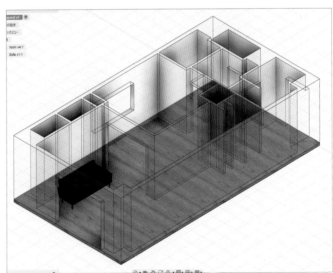

☑ そのほかの家具

ダウンロードデータにあるダイニングテーブル (table.f3d) も挿入して、位置を調整します。ベッドや
テレビ、エアコンなど、ほかの家具もレイアウトして、部屋が完成しました。

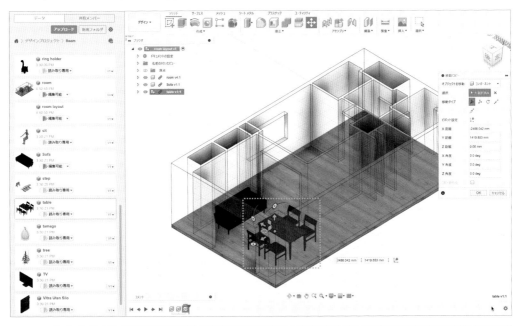

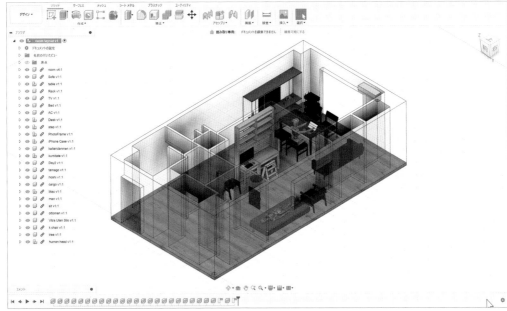

☑️ **アングル**

最後に見栄えのいいアングルにします。Fusionのビューポートは、デフォルトは正投影で描画されています。正投影は、近くても遠くてもサイズが変わりません。人間の目は、視差により近くのものが大きく、遠くのものが小さく見えるので、カメラの設定を、立体的に描画されるパースに変更して、リアリティのある画にします。

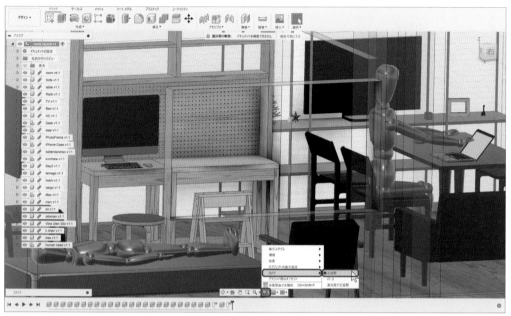

正投影

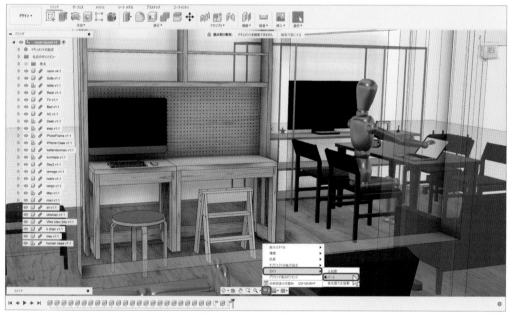

パース

いかがでしたか？　様々な形の簡易的なモデルをたくさん作成するのはとてもいい練習になるので、家にある家具などをどんどんモデリングしてみてください。本日もお疲れ様でした！

Day 12 まとめと課外授業

本日は、実際に製作しない3Dモデルを作成して、部屋のレイアウトをしてみました。

- 間取り図から部屋をモデリング
- 家具のモデリング
- 部屋に家具を挿入

本日の課外授業では、家にあるものを3つモデリングしてみましょう。思いつかない方は下記を作成して、部屋にレイアウトしてみてください。

❶電源コンセント
❷お使いのPC
❸照明器具

Day 13 実際のプロジェクト紹介

13日目は、筆者が実際にFusionを使って設計、製造したプロジェクトを紹介します。ここまでで触れていない内容も含まれていますが、製作の参考になれば幸いです。

▶ 13-1 軽バン・軽ワゴン用の車中泊DIYキット「VAN DE Boom」
▶ 13-2 帆船型ドローン「Type A」

13-1 軽バン・軽ワゴン用の車中泊DIYキット「VAN DE Boom」

「VAN DE Boom（バンデブー）」は、中古車販売で有名なガリバーを運営するIDOMと、キャンピングカーを製造、販売しているDream Driveが共同開発したプロジェクトです。筆者はプロトタイプ開発から製品化までの設計、製造を担当させていただきました。

軽バン・軽ワゴン用の車中泊DIYキット「バンデブー」
https://221616.com/vandeboom/

Dream Drive 公式サイト
https://www.dreamdrive.life/jp/

※ 13-1の画像は、一部株式会社IDOMからご提供いただきました。提供画像には「❶」と記載しています。

	アイテム	用途
ソフトウェア	Fusion	3D設計、CAM、分解図面
	Illustrator	組み立てマニュアルの仕上げ
材料	シナ共芯合板12mm サブロク板	完成品
塗料	オスモカラーフロアークリアー　エクスプレス	2度塗り
工具	SmartBench Precision Pro	CNCルータ。合板からパーツをカット
	1/8インチ 2フルート コンプレッションビット	CNCルータ用の切削工具
	充電式マルチツール	加工した合板のパーツ外し
	サンドペーパー #120、#240、#400	小口の研磨

☑ コンセプト

「プラモデルのように枠から部品を取り外し、特殊な工具を使わずに組み立てられるようにしたい」ということで、下記の製品コンセプトをいただきました。

軽バンをベースに改造はせず、組み立て式のキャンピングカーキットを開発

- DIY×キャンプ×中古車
- 自分で作成する
- ベッド（床）、棚、テーブル、床下収納、車外に持ち出せる収納ボックスなどのカスタマイズが可能

いろいろと検討した結果、材料は合板にして、CNCルータでパーツをカットし、簡単に分解できるようにねじや接着剤は使わず、「継手」と「くさび」でパーツを固定する方法をとることにしました。

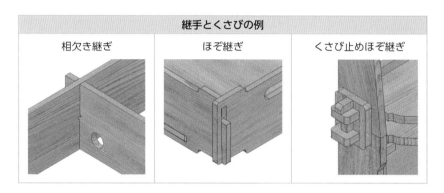

継手とくさびの例

| 相欠き継ぎ | ほぞ継ぎ | くさび止めほぞ継ぎ |

また、状況に応じて形を変えられるようにする必要があったため、4つのモードを考えました。

❶ **フルセット走行モード**：リアシートを使えるよう一部分解して収納
❷ **フルセット就寝モード**：リアシートを畳んだフルフラット仕様
❸ **車中泊のみモード**：棚、テーブルなし、フルフラット床のみ
❹ **車中泊なしモード**：棚、テーブルのみ

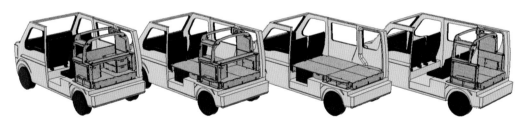

☑ 設計

▶▶ **準備**

今回ベースとなったのは、スズキのエブリイワゴン（DA64W）です。車体に合わせて設計する必要があるので、設計前に実車でフロントシートを移動させて後部スペースを確保し、リアシートの可動域、リアスピーカー／リアシートベルトの位置、サイド収納などを確認しました。

また、車体がなくても設計できるように、車体各部の寸法計測、写真撮影、そして3Dスキャンを行いました。3Dスキャンは、LiDARスキャナ搭載のiPhoneで、3d Scanner Appという無償のアプリを使いました。

Day
≫13

3d Scanner App
https://apps.apple.com/jp/app/3d-
scanner-app/id1419913995

▶ Fusionで設計

3Dスキャンアプリが生
成した3DモデルをOBJ
形式で書き出し、Fusion
にインポートしました。

人が寝転べるレイアウト
や、PC作業ができるレ
イアウトを検討するため
に、175cmの人型モデ
ルを配置しました。

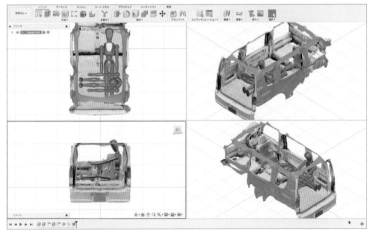

- フロアの高さ：フルフラット仕様で座ったときに、頭が天井に当たらない
- 床の長さ：180cmの人が足を伸ばして寝られる
- 左の壁：出し入れ自由な収納型テーブル。テーブルの上は外の景色を楽しめるように壁に窓穴を開ける
- 右の壁：寄りかかれるように全面塞ぐ。下部にサイド収納が使える扉付きキャビネット
- 左右の壁：アーチ状に繋ぎ強度アップ。リアスピーカーを塞がない
- 最後部：取り外し可能な板
- 収納：床下、上下の壁、大小のボックス

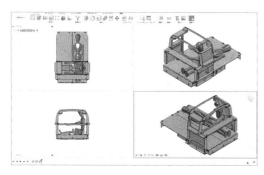

☑ 製作

▶ ネスティング＆加工プログラム

Fusionで市販の合板サイズにパーツを並べて、加工プログラムを作成しました。ネスティングという、材料に効率よくパーツを並べる作業は、有償の拡張機能を購入すれば簡単にできますが、筆者はマニュアルで行いました。

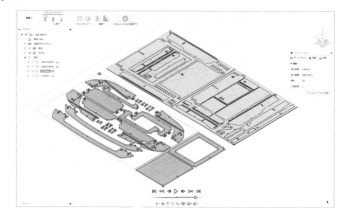

▶ CNC加工

CNCルータに材料をセットして、加工プログラムを実行しました。このシートは1時間半ほどで加工が完了しました。

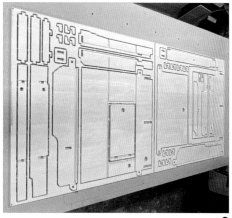

❶

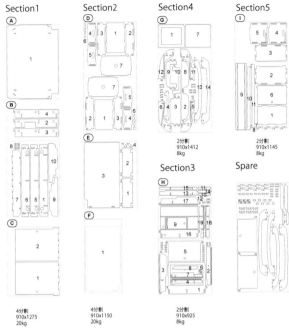

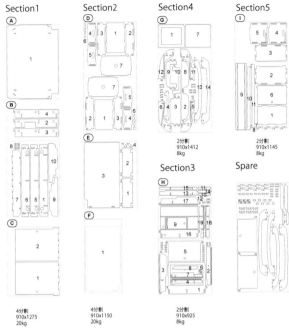

▶ 製品

最終的に、70以上の部品が並ぶ9枚の
シートが完成しました。

合板レイアウト

3つに分けて梱包して納品されます。

▶ パーツ仕上げ＆組み立て

各パーツを枠から外し、切り口（小口）をサンドペーパーで研磨して仕上げました。その後塗装を行い、
車内で組み立てました。

仕上げたパーツ

▶ 完成品

完成品を組み立てて実車に搭載すると、このようになります。木目を楽しむためにクリア塗装していますが、カラフルに塗装してもいいでしょう。

好みに合わせたアイテムで装飾したり、必要に応じて穴などを加工することもできます。

☑ ドキュメント作成

本書では解説していませんが、Fusionのアニメーション作業スペースでは分解図を作成でき、図面にすることも可能です。

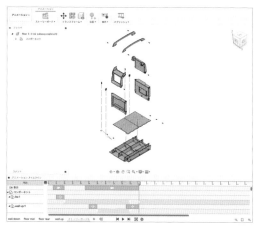
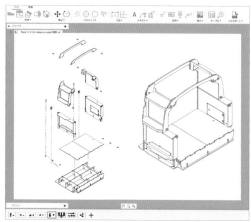

そして組み立て方法を記載した、取扱説明書を作成しました。図面をDXFでエクスポートし（有償のサブスクリプションが必要）、Illustratorに取り込んで整えました。

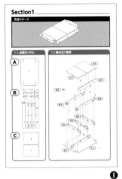

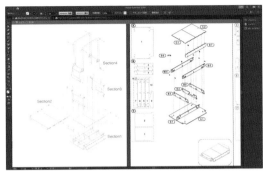

13-2　帆船型ドローン「Type A」

「Type A」は、ハードウェアスタートアップ企業のエバーブルーテクノロジーズによる、自動帆走技術を応用して魚群探索、捕獲補助、海洋調査などを実現する帆船型ドローンのPoC（Proof of Concept）モデルの開発プロジェクトです。船型はレーシングヨットデザイナーが、帆と舵の電動機構ユニットは外部の機構設計会社が担当し、エバーブルーテクノロジーズはセンサーなどの電子制御と電源および船体全体の管理を行いました。筆者は、すべてのコンポーネントを搭載する、3Dプリンタで製作できる船体の設計を担当しました。

※13-2の画像は、一部エバーブルーテクノロジーズ株式会社からご提供いただきました。提供画像には「Ｅ」と記載しています。

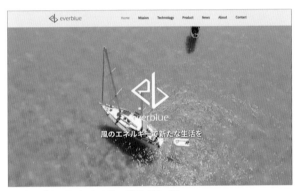

エバーブルーテクノロジーズ公式サイト
https://www.everblue.tech

	アイテム	用途
ソフトウェア	Fusion	3D設計、3Dプリントデータの書き出し、レンダリング
工具	BigRep ONE	船体（大物）の3Dプリント
	Chiron	パーツ（小物）の3Dプリント

☑ コンセプト

「自律航行の際に安全的かつ高速航行が可能なトリマラン構造（三胴船）で、3Dプリンタを使い3Dモデルから直接出力することで工期短縮を実現する」というコンセプトでした。船体は極力軽く、重量バランスが重要なので、質量を気にしつつ、積載物の配置場所によって変化する重心を見ながら設計を行いました。3DCADのソリッドモデルでは、質量と重心位置を自動的に求められるのでとても役に立ちました。船体の全長は2mあり、3Dプリントに適した形状を考え、製作を依頼できる業者（3Dプリンタ機種選定を含む）を探す必要がありました。

☑ 設計

▶ デザインデータのインポート

レーシングヨットデザイナーは、Rhinoceros 3Dという3DCADで船体の3Dデータを作成しました。Rhinoceros 3Dの3dm形式のファイルは、Fusionチームにアップロードすることで Fusion にインポートできます。

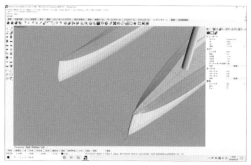

Rhinoceros 3Dでデザイン　　　　　　🅔 Fusionにインポート

▶ 機構コンポーネントのインポート＆積載物のモデリングと配置

機構設計会社は、Inventorという3DCADを使っていました。Fusionを開発しているAutodeskのソフトウェアなので、そのままFusionでファイルを開けます。また、データをクラウドで共有できるので、とてもスムーズに作業が進みました。インポートした3Dモデルを断面解析（特定の平面でカットして中身を確認）したり、搭載機器を配置して重心位置を確認しました。

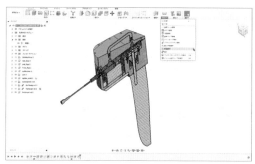
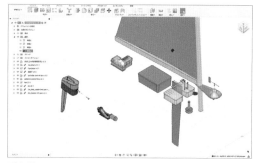

断面解析　　　　　　　　　　　　　　重心位置

▶ 船体への積載物の固定と製造方法の検討

積載物が動かないよう、船体に固定する形状を作成しました。副船体にはウォータージェット推進装置や舵などを搭載します。

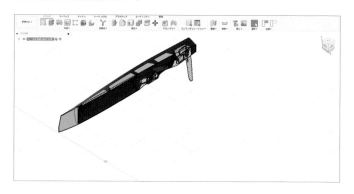

Day
≫13

195

主船体には魚群探知機、センターボード、バッテリー、ウインチなどを搭載します。

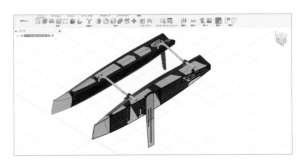

積載物をメンテナンスできるよう、船体の上面には開閉できる蓋をつけました。3Dプリンタで2mの船体を一度に製作するのは困難なため、船体を3分割しました。先端部は衝突したときにバンパーとして機能するよう、柔軟性のある素材を使います。

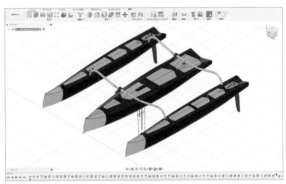

緑のパーツの3Dプリントには、ANYCUBICのChironを使います。また、船体（黒いパーツ）の3Dプリントには、1×1×1mのワークエリアがあるBigRepのBigRep ONEを使います。このように、様々な要件をクリアして製造可能な船体の設計を行いました。

BigRep ONE Ⓔ
https://bigrep.com/ja/bigrep-one/

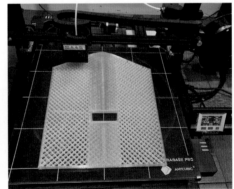

Chiron Ⓔ
https://www.anycubic.com/products/anycubic-c-3d-printer

☑ 製作＆テスト
▶▶ 3Dプリント

製作で最も時間がかかったのは、船体の3Dプリントです。高さ85cmのパーツが6つあり、外部委託で1パーツのプリントに約2日、トータルで2週間ほどを要しました。

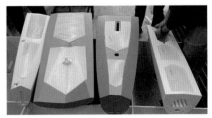

造形されたパーツ Ⓔ

▶ 組み立て

組み立ては、都内
某所の地下の秘密
基地のような場所
で行いました。

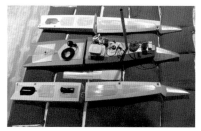

組み立て前　　　　　　　　　　　　　Ⓔ

塗装／組み立て後　　　　　　　　　　Ⓔ

▶ 海上テスト

プールでの進水式を終え、逗
子海岸で様々なテストを行い
ました。筆者も数回立ち会い
ましたが、自分が設計した船
体が風を受けて進んでいると
ころを見て、それまでの苦労
が吹っ飛びました！

Ⓔ

☑ レンダリング

Webサイトやカタログの画像の一部は、Fusionの画面ショットやレンダリングで作成しました。

Fusionのレンダリング作業スペース

レンダリング画像　　　　　　　　　　Ⓔ

いかがでしたか？　本日は、筆者が関わらせていただいたプロジェクトを紹介しました。実際の仕事
でFusionがどのように使われているのか、イメージできたでしょうか？

- 軽バン軽ワゴン用の車中泊DIYキット：CNCルータで製作
- 帆船型ドローン：3Dプリンタで製作

DIYキットは、販売店で実物を見ることができます。このように、Fusionで設計されたものが、世の
中に登場し始めています。インターネットで検索すると、スマートロック、電動バイク、変わった形
の自転車、人が乗れるロボットなど、様々なものを見つけられるので、ぜひ探してみてください。

Day 14 データ確認と他ソフト連携

最終日は、Fusionで作成したデザインをWebブラウザやモバイルデバイスで確認したり、ほかのソフトウェアとデータ連携(エクスポート／インポート)する手順を紹介します。下記が本日の作業の流れです。

▷ 14-1 Webブラウザ&モバイルアプリ
▷ 14-2 他ソフトとのデータ交換
▷ 14-3 加工請負サービス

14-1 Webブラウザ&モバイルアプリ

Fusionがインストールされていない環境 (PCやモバイルデバイス) でデザインを確認したくなることがあります。そんなときは、Webブラウザやモバイルアプリを使います。

☑ Webブラウザ

1 Fusionのデータ パネルから特定のプロジェクトを開き、[Webで開く]をクリックします。

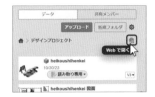

2 ページが開き、左側にはデータ パネルが表示されます。URL「*****.autodesk360.com」を覚えておけば、いつでもWebブラウザで確認できます。

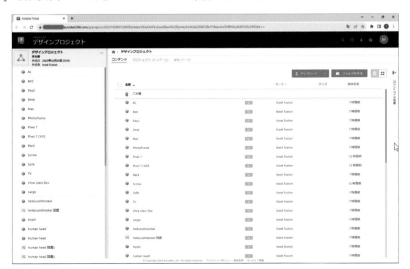

3 データ パネルで特定のドキュメントを選択すると、隣に様々な情報が表示されます。

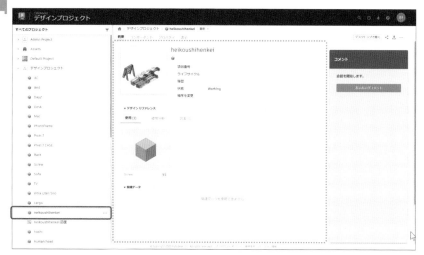

4 [表示] をクリックすると、3D モデルや図面の中身を確認できます。画面下部には様々なツールが並んでいるので、何ができるか試してみてください。

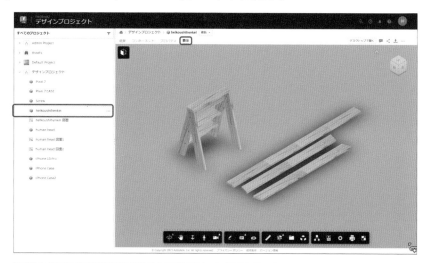

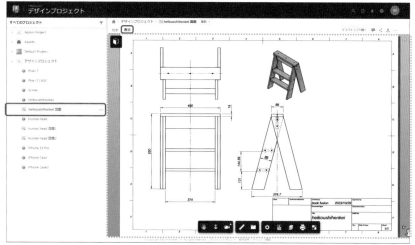

5 誰かに共有する場合は、右上の共有アイコンをクリックして、表示されるURLを伝えましょう。共有されたドキュメントは、WebブラウザでURLを開けば、Autodesk IDにサインインしなくても確認できます。

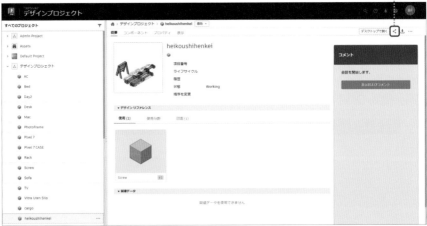

☑ モバイルアプリ

1 モバイルデバイスでは、Webブラウザのほかにモバイルアプリでも、ドキュメントを確認できます。AndroidではGoogle Play（https://play.google.com/store/apps/details?id=com.autodesk.fusion&hl=ja&gl=US）、iOS用ではApp Store（https://apps.apple.com/jp/app/autodesk-fusion/id991074843）にアプリが提供されているので、ぜひインストールしてみてください。

2 共有された URL を iPhone で開き、[Open App]を選択して[開く]
をタップします。

3 モバイルアプリの場合は Autodesk ID にサインインする必要があるので、[Login]をタップします。サインイン後にドキュメントが表示され、ドキュメントを閉じる場合は左上の [×]をタップします。

4 自分のスペースのドキュメントを確認することもできます。

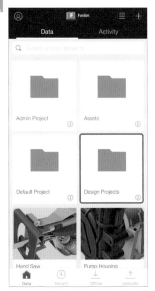  

14-2 他ソフトとのデータ交換

ここでは、Fusionで作成したデータを、ほかのソフトウェアにエクスポートする方法、ほかのソフトウェアで作成したデータをFusionにインポートする方法を紹介します。

☑ エクスポート

Day9「9-3　DIY（3Dプリント）しよう」で、3Dプリント用のスライサーにSTLファイルをエクスポートしましたね。ほかにも多くのファイル形式に対応しています。

形式	詳細
3MF、STL	3Dプリントに使われるポリゴンメッシュデータ
FBX、OBJ	テクスチャ（画像）をメッシュに貼りつけた、色つきの3Dモデル。CGソフトウェアとのやりとりに使われる
USDZ	色つきのメッシュデータ。iPhoneではARで表示できる
DWG、DXF、IGES、SAT、SMT、STEP	ほかの3DCADとのやりとりに使われるデータ

※ DWG、DXF、IGES、SATのエクスポートには、有償のサブスクリプションに加入する必要があります。

また、Webブラウザからのエクスポートも可能です。

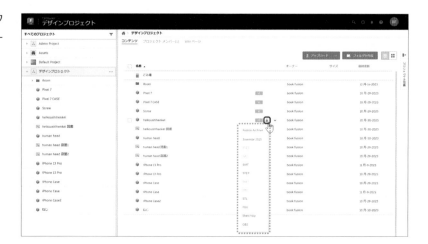

図面は下記の形式でエクスポートできますが、残念ながら有償のサブスクリプションに加入する必要があります。

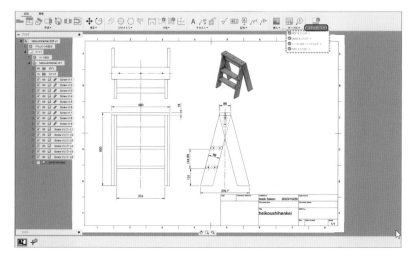

形式	詳細
PDF	図面を紙に印刷したときと同じレイアウトで保存できる
DWG	AutoCADの図面ファイル形式
DXF	CAD間でデータ交換するためのファイル形式

前述の通り、スケッチはブラウザのスケッチを右クリックし、[DXF 形式で保存]をクリックします。

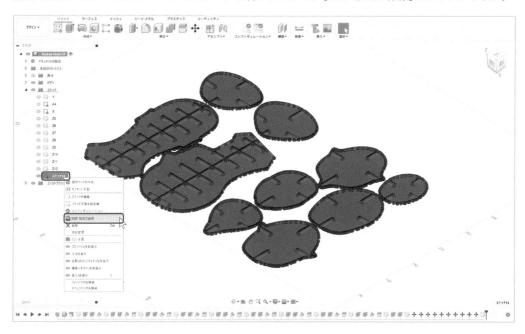

DXFインポートに対応したソフ
トウェア（たとえばIllustrator）
で開くことができます。

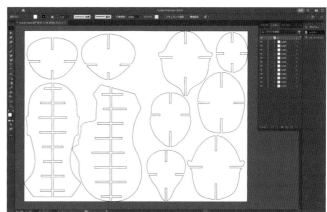

IllustratorでDXFファイルを開いた例

☑ インポート

Day3「3-4　ベクターデータを取り込もう」でベクターデータ（SVG）の挿入と、Day6「6-1　ボディを
理解して作成しよう」でメッシュデータ（STL）の挿入を紹介しました。このほかにも、いろいろなファ
イル形式を開いたり挿入できます。

形式	詳細
DXF、IGES、OBJ、STEP、STLなど	エクスポート表を参照
123D	提供が終了した123Dのファイル形式

また、データ パネルからアップロードすることで、クラウドにデータを保存できます。

右図の形式はクラウドに
アップロードすることで、
Fusionで編集可能な状態
に自動変換されます。有
償のサブスクリプション
に加入することで利用可
能になる形式もあるので、
オンラインヘルプを参照
してください。

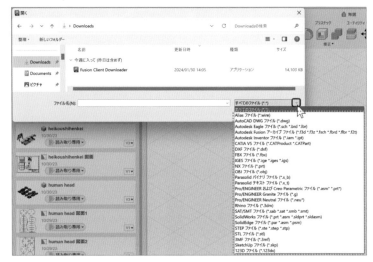

サポートされているファイル形式

https://help.autodesk.com/view/fusion360/JPN/?guid=TPD-SUPPORTED-FILE-FORMATS

14-3 加工請負サービス

インターネット経由で、3Dモデルや図面ファイルをアップロードすることで、見積もりから発注まで
を引き受けてくれる加工請負サービスがあります。工作機械を持っていなくても、自分で設計したパー
ツを手に入れられるのは魅力的ですね。いくつかサービスを紹介します。

☑ 3Dプリント

DMM.make 3Dプリント（https://make.dmm.com）

アカウントを作成し、3Dモデルをアップロードすることで、オンラインで見積もり／発注ができます。
樹脂から金属まで、多くの素材に対応しているのも魅力です。

☑ レーザーカット

クリエイティブラボ（https://www.tokyo-laserlab.com）

レーザーカッターの販売、レンタル、委託加工など、レーザーカッターに関する様々なサービスを提供しています。木材、アクリル、フェルト、革などへの加工（カット、彫刻）が可能です。

☑ CNC加工

EMARF（https://emarf.co）

木材に特化したCNC加工サービスです。アカウントを作成し、DXFファイルをアップロードすることで、オンラインで見積もり／発注ができます。

☑ 板金／切削加工

meviy（https://meviy.misumi-ec.com/ja-jp/）

樹脂や金属の板金／切削加工のサービスです。アカウントを作成し、STEPファイルをアップロードすることで、オンラインで見積もり／発注ができます。

> **Day 14** まとめと課外授業

デザインプロジェクトで第三者の意見を取り入れるためにデータを共有したり、ほかのソフトウェアのデータを活用したり、加工を外部に委託することもあるので、最終日では下記を紹介しました。

- クラウド上のデータを確認する方法
- ほかのソフトウェアとのデータ交換
- 加工請負サービス

最後の課外授業です。下記にぜひトライしてみてください。

❶モバイルアプリをインストールして、データを確認する
❷データをエクスポートして、加工請負サービスでオンライン見積もりをとる

例：シャワーフックのパーツをSTLでエクスポートして、DMM.make 3Dプリント（https://make.dmm.com）で見積もり

おわりに

本書に取り組んでいただき、ありがとうございました。Autodesk Fusionというソフトウェアを使って、もの作りを楽しんでいただけたでしょうか？

筆者の周りでも、多くの方がAutodesk Fusionを使い始めています。トレーニングも数多く実施させていただき、中には有償のサブスクリプションを購入された方もいらっしゃいます。本書では、多くの方と関わる中で気づいた、皆さんがつまずく部分を取り上げたつもりです。特にスケッチについては、かなり詳しく説明させていただきました。本書で初めてAutodesk Fusionを触った方、理解を深めるために本書を手に取っていただいた方、様々だと思いますが、少しでも皆さんのスキルアップの助けになれば幸いです。

CADは、ものを作るための設計図（モデル）を作成する道具なので、実際に材料を加工して、組み立てて、触れるものを作るのが最終ゴールです。筆者は手加工のスキルが高くないため、仕事では可能な限りデジタル工作機械で加工を行います。本書にも、3DプリンタやCNCルータで加工する内容が充実しています。機械を使うにせよ、手加工で作るにせよ、どんな材料をどのように加工／組み立てるかを考えながらカタチを考えるのは楽しいものです。皆さんにも、その楽しさに気づいていただけたら嬉しいです。

様々なプロジェクトに関わり、Autodesk Fusionを使って設計をさせていただいた中で、設計確認のために、Autodesk Fusionの画面をプロジェクトメンバーに見ていただくと、メンバーの目の色が変わり、多くの意見やアイデアが出てきます。意見やアイデアを3Dモデルに反映させて、その場で合意形成できたとき、筆者は最高に嬉しい気持ちになります。Autodesk Fusionが使えるようになった皆さんも、ぜひご友人やご家族に自慢してみてください。きっと「すごい！」と言ってもらえると思います。

Autodesk Fusionのほかにも、いろいろなCGソフトウェアが存在します。Autodesk Fusionで作成した3Dモデルと、ほかのCGソフトウェアを組み合わせれば、さらに面白いこともできるでしょう。将来、世の中に存在するものがすべて3Dモデル化されたら、きっとすごい世界になるはずです。

Autodesk FusionをきっかけにC、CGソフトウェアを使える方が1人でも増えますように。

2024年2月

著者プロフィール

塩澤 豊（しおざわ ゆたか）
自動車部品の機械設計で3D CAD（CATIA）を使い始め、3Dソフトウェアテクノロジーに興味を持つ。外資系3D CADメーカーに転職し、多くの企業の3D CAD導入を支援した。2019年に、デジタル技術を活用したもの作りを啓蒙するために独立し、ハードウェアスタートアップ企業や、個人でもの作りを楽しむメーカー、子供向けのSTEM教育などに関わっている。

Instagram：@ytk2

スキマ時間で始める！
Autodesk Fusion 14日間入門コース

2024年2月25日 初版第1刷発行

著　　　　者	塩澤 豊	
発　行　人	新 和也	
編　　　集	山田 優花	
発　　　行	株式会社 ボーンデジタル	
	〒102-0074	
	東京都千代田区九段南 1-5-5	
	九段サウスサイドスクエア	
	Tel：03-5215-8671　Fax：03-5215-8667	
	https://www.borndigital.co.jp/book/	
	お問い合わせ先	
	https://www.borndigital.co.jp/contact	
デ ザ イ ン Ｄ　Ｔ　Ｐ	株式会社 マップス	
印刷・製本	シナノ書籍印刷株式会社	
制 作 協 力	株式会社IDOM、エバーブルーテクノロジーズ株式会社	

ISBN：978-4-86246-574-0
Printed in Japan
Copyright © 2024 by Yutaka Shiozawa and Born Digital, Inc. All rights reserved.